从新手到高手　　文涛 / 编著

Illustrator 2025

从新手到高手 （AI版+微课版）

清华大学出版社

北　京

内 容 简 介

本书详细讲解了Illustrator 2025中文版入门到精通的方法和技巧，涵盖插画设计、海报设计、App界面设计、文字设计以及排版设计等。

全书共11章。第1章介绍Illustrator 2025的基础知识；第2章阐述插画设计的相关知识；第3章讲解海报设计的内容；第4章说明App界面设计的方法；第5章介绍文字设计的相关内容；第6章讲解排版设计的技巧；第7章介绍网页设计的方法；第8章介绍包装设计的知识；第9章介绍文件输出的相关内容；第10章介绍AI智能工具的用法；第11章通过综合实例演练前面所学内容。本书除提供全书所有实例的素材和最终效果文件，还提供精心录制的教学视频，提高读者的学习效率与兴趣。

本书可作为高等院校平面设计、UI设计等相关专业的教材，也适合相关设计从业人员阅读，尤其适合在平面设计方面有一定基础、想进一步掌握设计技巧，以期跻身设计高手之列的读者作为自学教程或参考图书。

图书在版编目（CIP）数据

Illustrator 2025从新手到高手：AI版+微课版 / 文涛编著. -- 北京：清华大学出版社, 2025. 8.
(从新手到高手). -- ISBN 978-7-302-70107-1

Ⅰ. TP391.412

中国国家版本馆CIP数据核字第2025AD2484号

责任编辑：陈绿春
封面设计：潘国文
责任校对：徐俊伟
责任印制：刘海龙

出版发行：清华大学出版社
    网   址：https://www.tup.com.cn，https://www.wqxuetang.com
    地   址：北京清华大学学研大厦A座 邮 编：100084
    社 总 机：010-83470000   邮 购：010-62786544
    投稿与读者服务：010-62776969，c-service@tup.tsinghua.edu.cn
    质 量 反 馈：010-62772015，zhiliang@tup.tsinghua.edu.cn
印 装 者：三河市天利华印刷装订有限公司
经   销：全国新华书店
开   本：188mm×260mm 印 张：13.25   字 数：391千字
版   次：2025年10月第1版   印 次：2025年10月第1次印刷
定   价：79.00元

产品编号：109243-01

前言

PREFACE

　　Illustrator 主要应用于印刷出版、海报与书籍排版、专业插画绘制、多媒体图像处理以及互联网页面制作等领域。它还能为线稿提供较高的精度与控制能力，在设计领域应用极为广泛。

　　本书以 Illustrator 2025 为基础，结合实例，详细介绍运用 Illustrator 开展设计工作的操作方法。

编写目的

　　随着人工智能（AI）技术应用的不断深入，Illustrator 2025 融入了 AI 智能生成功能，如矢量生成、生成式形状填充以及图案生成。借助这几项功能，用户能够快速创建形状或图案。此外，Illustrator 2025 在之前版本的基础上进行了升级优化，新增了部分功能，并对常用功能予以更新，让用户在操作时更加便捷高效。

　　基于此，我们编写了本教程，全面介绍 Illustrator 2025 的使用方法与技巧，引导读者学习综合运用 AI 生成功能与 Illustrator 工具，助力读者逐步掌握并灵活运用 AI 功能与 Illustrator 开展设计工作。

本书内容安排

　　本书共 11 章，精心选取了具有针对性的实例。书中不仅详尽讲解了 Illustrator 的基本使用技巧，更注重引导读者开拓设计思维。通过插画设计、文字设计、海报设计等众多设计案例，手把手引领读者踏入 Illustrator 的精彩世界。本书内容丰富、涵盖面广，能帮助读者轻松掌握 Illustrator 的使用技巧与实际应用。以下为本书的具体内容安排。

章 名	内容安排
第1章：进入Illustrator 2025	介绍Illustrator的基础知识，帮助初学者快速入门
第2章：插画设计：创建形状对象	介绍插画设计的方法，并结合多个实例介绍设计技巧
第3章：海报设计：编辑形状对象	介绍海报设计的技巧，通过实例来展示具体的设计方法
第4章：App界面设计：颜色填充与路径绘制	介绍App界面设计的技巧，以多个实例介绍制作方法
第5章：文字设计：创建与编辑文字对象	介绍利用Illustrator进行文字设计的方法
第6章：排版设计：图层与蒙版	介绍利用Illustrator进行排版设计的方法
第7章：网页设计：多样化图形	介绍网页设计的方法，通过实例展示操作过程
第8章：包装设计：符号与图表	介绍利用Illustrator进行包装设计的方法
第9章：文件输出：动作与导出	介绍创建动作与导出文件的方法
第10章：AI智能：轻松生成对象	介绍智能生成工具以及Adobe Firefly工具的用法
第11章：综合实例	以实例的形式介绍小红书封面设计、插画设计、海报设计以及LOGO设计的方法

本书写作特色

本书采用通俗易懂的文字表述，搭配精美的创意实例，全面且深入地讲解 Illustrator 的操作方法。总体而言，本书具有以下显著特点。

- 由易到难，轻松入门：本书从 Illustrator 的工作界面开始讲解，逐步深入，引导读者学习和掌握 Illustrator 的各类工具和功能，没有任何基础的读者，也能轻松入门，快速精通。

- 全程图解，一看即懂：全书采用全程图解与实例相结合的讲解方式，以图示为主、文字说明为辅。借助这些辅助插图，读者能够轻松上手、快速掌握相关内容。

- 知识点多，全面覆盖：除介绍基本操作技巧外，本书还安排了丰富的理论知识，助力读者理解不同概念，从而在设计过程中更加游刃有余。可以说，本书是一本不可多得的、能全面提升读者设计技能的实用手册。

配套资源及技术支持

本书的配套资源请扫描下面二维码进行下载，如果在下载过程中碰到问题，请联系陈老师（chenlch@tup.tsinghua.edu.cn）。如果有技术性问题，请扫描下面的技术支持二维码，联系相关人员解决。

配套资源

技术支持

编者

2025 年 8 月

目录

第1章　进入Illustrator 2025

第2章　插画设计：创建形状对象

第3章　海报设计：编辑形状对象

第4章　App界面设计：颜色填充与路径绘制

第5章　文字设计：创建与编辑文字对象

第6章　排版设计：图层与蒙版

第7章　网页设计：多样化图形

第8章　包装设计：符号与图表

第9章 文件输出：动作与导出

第10章 AI智能：轻松生成对象

第11章 综合实例

第 1 章

进入 Illustrator 2025

Adobe Illustrator 2025 在更新原有绘图功能的基础上，新增了 人工智能（AI） 功能。借助这些 AI 功能，用户能够快捷、高效地开展设计工作，还可以与工作伙伴在线协同推进工作进程，显著提升操作效率。

本章将介绍 Adobe Illustrator 2025 的基础知识，涵盖软件工作界面的构成、文件的基本操作，以及新增功能的使用方法。

1.1　Illustrator 2025介绍

Adobe Illustrator 主要应用于出版、多媒体及矢量插画等领域，它还能为线稿提供较高的精度与控制能力，因此一直深受设计行业的广泛青睐。随着 AI 技术逐步渗透至各个行业，最新推出的 Illustrator 2025 融合了 AI 技术，极大地提升了用户的使用体验与工作效率。

Illustrator 2025 通过提升性能与效率，具备了处理大型文件和复杂项目的能力。此外，其图形处理能力得到增强，用户界面进一步优化，还开发了新工具与新功能，这些都进一步提升了 Illustrator 2025 的工作效能。

Illustrator 2025 支持 Windows 系统和 macOS 系统，安装步骤简单明了，用户按照提示即可完成安装。

1.2　Illustrator 2025的工作界面

安装 Illustrator 2025 后，启动软件即可进入其工作界面，如图 1-1 所示。默认情况下，工作界面依据传统功能来编排工作分区。此外，用户还可以根据具体工作内容，如排版、插画、打印与校样等，自定义工作区的设置。

图1-1

1.3　Illustrator的基本操作

Illustrator 的基本操作主要围绕文件展开，涵盖新建文件、打开文件以及存储文件等操作。本节将详细介绍相关操作步骤，助力新手进一步掌握 Illustrator 的使用方法。

1.3.1　新建文件

启动 Illustrator，软件会显示欢迎界面。此时，单击界面左上角的"新文件"按钮，如图 1-2 所示，弹出"新建文档"对话框。在该对话框中，会显示默认的文件尺寸选项，用户可从中选择一项，也可以在该对话框中自定义文件尺寸参数。完成设置后，单击"创建"按钮，如图 1-3 所示，即可新建文件。

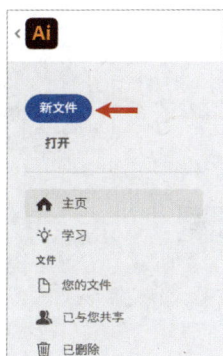

图1-2

图1-3

新建文件后，用户将进入工作界面，如图 1-4 所示。在此界面中，用户能够在空白文档上进行图像的绘制、编辑与查看操作。

除上述方法外，用户还可以通过以下途径新建文件：执行"文件"→"新建"命令，即可弹出"新建文档"对话框；或者按快捷键 Ctrl + N，也能快速新建文件。此外，若要基于模板新建文件，可以执行"文件"→"从模板新建"命令，此时会弹出"从模板新建"对话框，如图 1-5 所示，用户只需从中选择合适的模板，便能以该模板为样式新建文件。

图1-4

图1-5

1.3.2 打开文件

在 Illustrator 的欢迎界面中，单击界面左上角的"打开"按钮，此时会弹出"打开"对话框。用户在该对话框中选中目标文件后，单击"打开"按钮，即可在 Illustrator 中打开所选文件，如图 1-6 所示。

除此之外，用户还可以通过以下三种方式打开文件：其一，执行"文件"→"打开"命令，或者按快捷键 Ctrl+O，同样能够执行"打开文件"的操作；其二，在"打开"对话框中选中文件后，按住鼠标左键，将文件拖至 Illustrator 软件界面内，如图 1-7 所示，也可以打开文件。

图1-6

图1-7

1.3.3 存储文件

执行"文件"→"存储"命令，或者按快捷键 Ctrl+S，均会弹出如图 1-8 所示的对话框。该对话框提供了两种文件存储方式，分别为保存至计算机本地以及保存到 Creative Cloud（即云空间）。对话框列表中分别展示了将文件保存至不同位置的相关信息，用户浏览后可以根据自身需求选择保存位置。

若单击"保存在您的计算机上"按钮，会弹出"存储为"对话框，如图 1-9 所示。在此对话框中，用户可设置文件的存储路径与文件名称，设置完成后，单击"保存"按钮即可完成文件存储操作。

图1-8

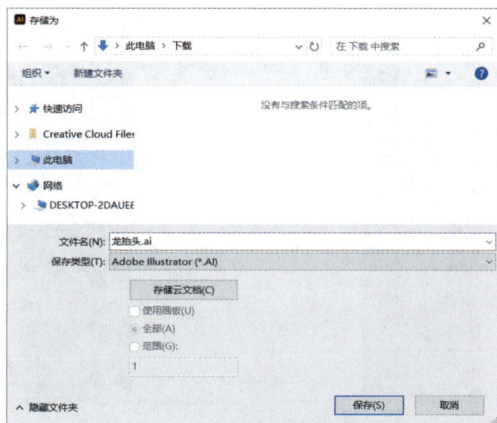

图1-9

当用户单击"保存到 Creative Cloud"按钮时，会弹出如图 1-10 所示的对话框。在此对话框中，用户可设置文件名称，设置完成后，单击"保存"按钮，即可将文件保存至 Creative Cloud。

之后，若用户再次打开"保存到 Creative Cloud"对话框，便能看到上次存储的文件，如图 1-11 所示。

图1-10

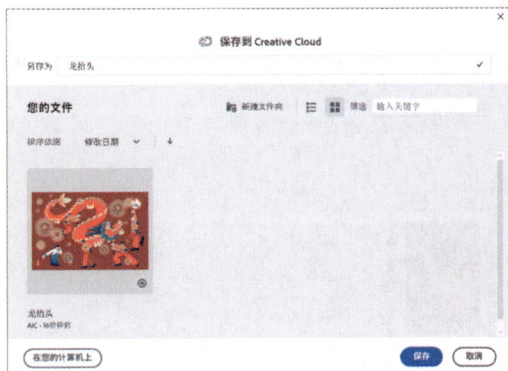

图1-11

1.3.4　导出文件

执行"文件"→"导出"→"导出为"命令，会弹出"导出"对话框。用户需要在该对话框中设置文件名称与存储路径，并在"保存类型"列表中选定所需的文件格式，例如选择 PNG 格式，如图 1-12 所示。

完成上述设置后，单击"导出"按钮，此时会弹出"PNG 选项"对话框，其默认设置如图 1-13 所示。在"分辨率"下拉列表中，可以根据需求选择图像的分辨率，默认情况下系统会选中"屏幕（72 ppi）"选项。在"消除锯齿"下拉列表中，需要选择相应的去除锯齿方式。此外，"背景色"下拉列表中提供了"透明""白色""黑色"3 种类型供用户选择，默认设置为"透明"。各项参数设置完毕后，单击"确定"按钮，即可完成文件的导出操作。

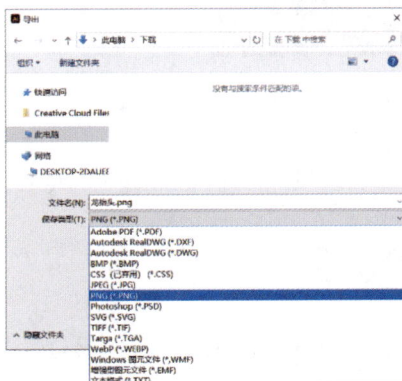

图1-12

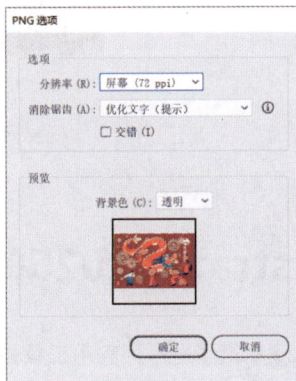

图1-13

1.3.5　打印文件

执行"文件"→"打印"命令，或者按快捷键 Ctrl + P，均可弹出"打印"对话框，如图 1-14 所示。在"打印机"

下拉列表中，需要选择适配当前需求的打印机。完成打印机选择后，再对其他各项参数进行细致设置，待所有参数设置妥当，单击"打印"按钮，即可打印。

如果希望将输出结果另存为文件，执行"文件"→"将打印输出另存为"命令，用户需要在弹出的对话框中设置文件名称与保存类型，如图 1-15 所示。

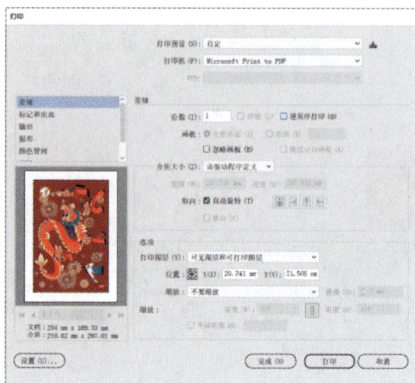

图1-14

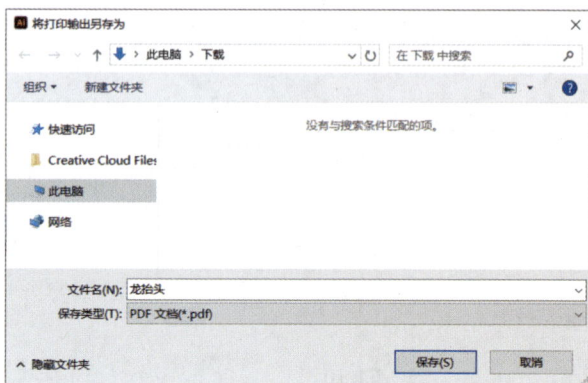

图1-15

打印任务完成后，可以打开生成的 PDF 格式文件，具体呈现效果如图 1-16 所示。

图1-16

1.4 Illustrator 2025的新增功能

Illustrator 2025 新增了一系列实用工具和功能，涵盖路径排列对象工具、图像描摹功能以及智能生成工具等。本节将简单介绍这些新增功能的使用方法。

1.4.1 轻松识别难以找到的字体

执行"窗口"→ Retype 命令，即可调出 Retype 面板。借助 Retype 功能，用户能够快速识别栅格图像和轮廓文本中所使用的静态文本字体。

　　具体而言，当用户发现心仪的字体时，可以先截取该字体的图片，随后将图片导入 Illustrator。接着，利用 Retype 功能，在 Adobe Fonts 库（该库包含 3 万多种字体）以及用户本地字体库中进行全面搜索，从而精准找到与之完美匹配的字体。

1.4.2　使用"度量工具"测量对象的面积

　　使用"度量工具" ，用户能够测量画布上一个或多个选定对象的面积，此功能同样适用于复合路径对象。在实际操作中，用户可以从选定内容中排除特定对象以及重叠对象的相关线段，以此更精准地控制面积测量范围，满足多样化的设计需求。

1.4.3　使用距离参考线精准放置对象

　　当选中某一对象，并将鼠标指针悬停在另一个对象或空白的画板区域之上时，若按住 Alt 键，便会显示距离参考线。借助这些参考线，用户能够直观地观察所选对象与其他对象之间的距离或相对位置关系，进而更精准地实现对齐和间隔操作，满足设计排版需求。

1.4.4　从拾色器中访问"滴管工具"

　　用户无须先关闭"拾色器"对话框再使用"滴管工具"，因为"滴管工具"支持在"拾色器"对话框中直接访问。借助"拾色器"对话框中的"滴管工具"，用户能够从画布的任意位置选取颜色。

1.4.5　对齐、排列和移动路径上的对象

　　借助路径上的对象工具 ，用户能够将对象精准地附加到曲线路径或直线路径上，并实现对象与路径的精准对齐。完成对象附加操作后，即便不破坏原有的对齐状态，用户仍可对对象进行多种操作，如旋转对象、更改对象的附加点、调整对象间距、随机排列对象，以及沿路径移动对象等。而且，当用户编辑路径，或者对附加的对象进行添加、删除操作时，附加的对象会自动重新对齐并有序排列，极大提升了操作的便捷性与灵活性。

1.4.6　准确、可控地描摹图像

　　增强的图像描摹功能赋予用户强大的能力，使其能够借助与原始图像高度契合的改进曲线，创建出精准的描摹效果。当用户在颜色模式下进行描摹操作时，透明度选项可发挥关键作用，它能有效避免将透明背景错误地描摹为白色，从而确保描摹结果符合预期。而在颜色模式或灰度模式下，渐变选项能够依据用户预先设定的参数，自动创建出相应的渐变效果，为图像增添丰富的层次感。待描摹工作完成后，用户还可以进一步使用"渐变工具"对渐变效果进行优化调整，以获得更为理想、细腻的视觉呈现。

1.4.7　智能生成工具

　　本次更新新增了智能生成工具集，涵盖生成矢量图形、生成式形状填充以及生成图案等功能。借助这些工具，用户只需输入提示词并设置相应的样式参数，系统便会依据用户提供的数据自动创建形状或图案。倘若用户对生成结果不满意，可以重复生成操作，直至获得符合心意的成果。

第 2 章

插画设计：创建形状对象

Illustrator 中的形状对象涵盖线条、几何形状（如矩形、椭圆形、多边形等）以及不规则形状等。在插画设计领域，运用各类形状对象能够创作出丰富多样的视觉效果。本章将介绍创建形状对象的方法，以及如何在插画设计中运用形状对象辅助设计。

2.1　什么是插画

插画是一种艺术形式，作为现代设计中重要的视觉传达手段，它凭借直观的形象性、真实的生活气息与独特的艺术感染力，在现代设计领域占据着特定地位，被广泛应用于文化活动、社会公共事业、商业活动、影视文化等多个方面，如图 2-1 所示。

图2-1

常见的商业插画形式多样，涵盖出版物配图、卡通吉祥物、影视海报、游戏人物设定、游戏内置美术场景设计、广告、漫画、绘本、贺卡、挂历、装饰画（如图 2-2 所示）、包装等。此外，其应用还延伸至当下网络及手机平台上的虚拟物品及相关视觉应用领域。

图2-2

2.2 Illustrator在插画设计中的应用

在第 1 章中曾提及，Illustrator 2025 新增了 AI 功能。设计师借助该功能，能够有效提高绘图效率，提升画面的质感。除此之外，3D 建模与平面设计的融合、动态插画与交互插画的协同发展，以及多人协同工作模式的实现，都为插画行业注入了新的活力。

熟练掌握 Illustrator 2025 的操作，不仅能强化设计师的专业技能，还能助力设计师更高效地实现创意，从而适应未来以跨媒体、交互式内容为主流的发展趋势。

用户利用"生成矢量"功能，可以轻松创建插画对象。例如，输入"梦幻的童话世界"关键词，便能直接生成以童话世界为主题的插画，如图 2-3 所示。设计师可借此功能寻求灵感，或者直接在生成的画稿上进行修改，创作出一幅新的画作。AI 工具能让设计师最大限度地释放创意，通过生成式操作检验创意效果，及时做出调整，不断完善设计方案。

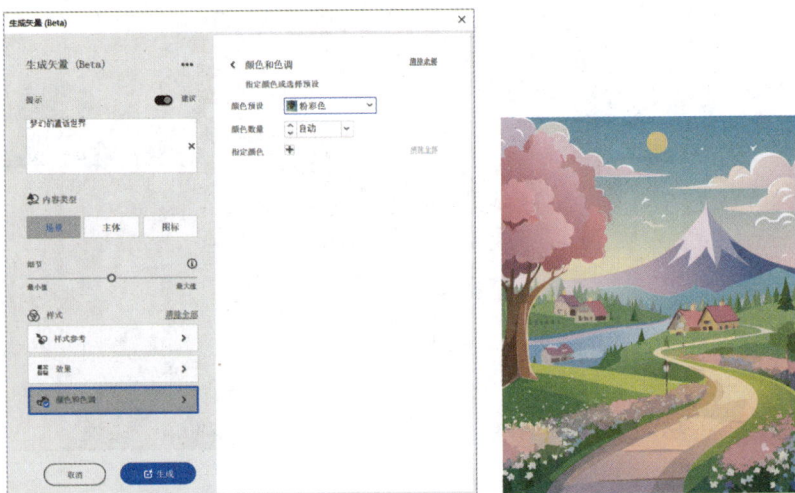

图2-3

2.3 创建基本形状

在 Illustrator 中，基本形状的创建主要借助线条工具与几何工具来实现。线条的类型多样，涵盖直线、弧线等；几何形状的类型也较为丰富，包括矩形、圆角矩形、椭圆等。本节将详细介绍创建这些基本形状的方法。

2.3.1 绘制线条

在 Illustrator 中，线条类型丰富多样，涵盖直线段、弧线、螺旋线，以及矩形网格和极坐标网格等。用户只需在工具面板中单击以展开线条工具列表，如图 2-4 所示，选择相应工具后，即可开始绘制线条。

1. 直线

选择"直线段工具" ╱ 后，在控制面板中进行参数设置。在"描边颜色"列表框中选取所需颜色，从"描边粗细"下拉列表中选定合适的宽度数值，从"变量宽度配置文件"下拉列表中挑选样式，并在"画笔定义"下拉列表中选择直线段的样式，具体操作如图 2-5 所示。

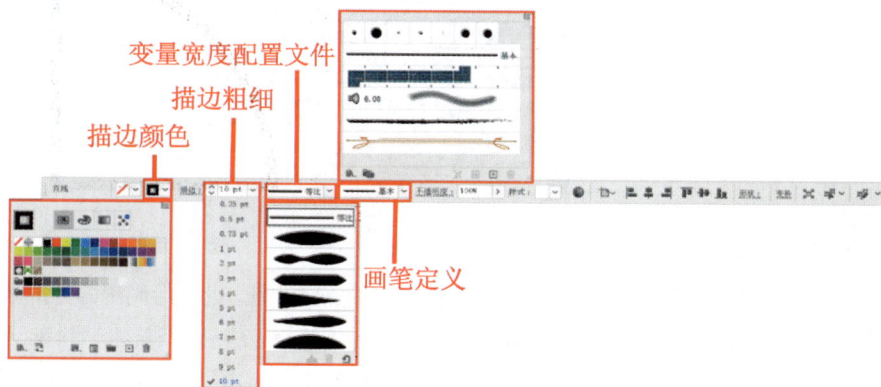

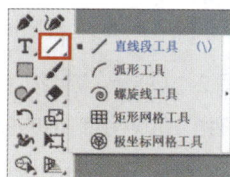

图2-4　　　　　　　　　　　　　　　　　图2-5

按住 Shift 键时，用户不仅能够绘制水平线条与垂直线条，还可以绘制 45°斜线，如图 2-6 所示。若双击"直线段工具"工具按钮，会弹出"直线段工具选项"对话框，用户可以在该对话框中设置"长度""角度"等参数，如图 2-7 所示，设置完成后单击"确定"按钮即可开始绘制线段。此外，按住 Alt 键在绘图区中单击，同样能弹出"直线段工具选项"对话框。

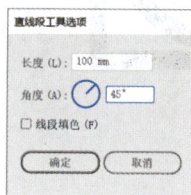

图2-6　　　　　　　　　　　　　　　　　图2-7

2. 弧线

双击"弧形工具"工具按钮，将弹出"弧线段工具选项"对话框。用户可以在该对话框中设置各项参数，并在"类型"下拉列表中选择"开放"选项，如图 2-8 所示。设置完成后，单击"确定"按钮，接着在绘图区中按住 Shift 键拖动鼠标指针，即可绘制弧形，如图 2-9 所示。此外，按住 Alt 键在绘图区中单击，同样能够弹出"弧线段工具选项"对话框。

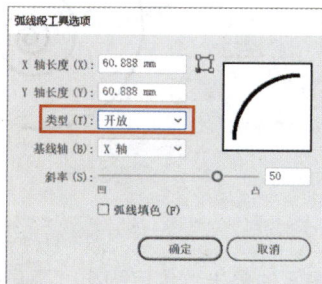

图2-8　　　　　　　　　　　　　　　　　图2-9

在"类型"下拉列表中选择"闭合"选项后，按住 Shift 键可绘制闭合弧形，绘制效果如图 2-10 所示。

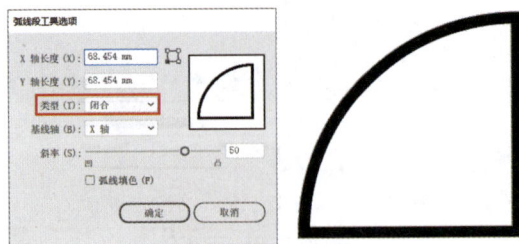

图2-10

在保持"类型"为"闭合"选项的前提下，调整"斜率"值，此时绘制出的弧形效果如图 2-11 所示。若将"斜率"值调整为–1，绘制的图形会呈现为一条直线，如图 2-12 所示。若将"斜率"值调整为 100，绘制出的弧形如图 2-13 所示。用户可以根据实际使用需求，自定义"斜率"值，进而绘制出符合要求的弧形。

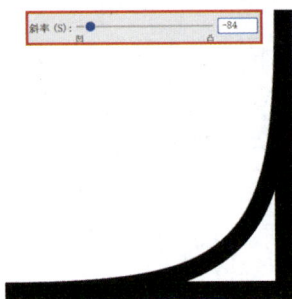
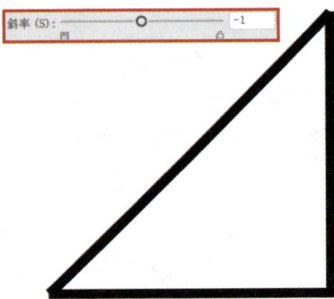
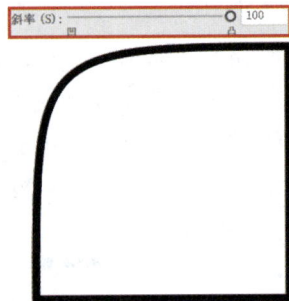

图2-11   图2-12   图2-13

3. 螺旋线

选取"螺旋线工具" ◎ 后，按住 Alt 键在绘图区内单击，即可弹出"螺旋线"对话框。用户可以在该对话框中设置相关参数，并挑选合适的螺旋线样式，设置完成后单击"确定"按钮，此时绘制出的螺旋线效果如图 2-14 所示。若在对话框中选择另一种螺旋线样式，则绘制出的螺旋线效果如图 2-15 所示。

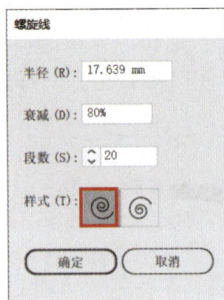

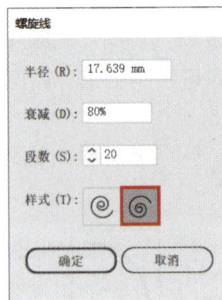
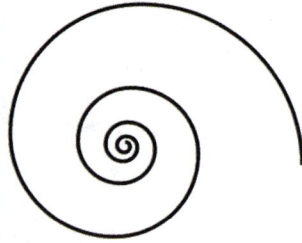

图2-14   图2-15

4. 矩形网格

双击"矩形网格工具"工具按钮 ▦，或者按住 Alt 键在绘图区内单击，均可弹出"矩形网格工具选项"对话框。在对话框中完成参数设置后，单击"确定"按钮，此时绘制出的矩形网格效果如图 2-16 所示。

5. 极坐标网格

双击"极坐标网格工具"工具按钮，或者按住 Alt 键于绘图区内单击，均能弹出"极坐标网格工具选项"对话框。在该对话框中完成各项参数的设置后，单击"确定"按钮，此时绘制出的极坐标网格如图 2-17 所示。

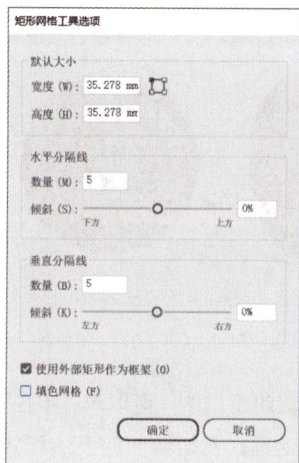
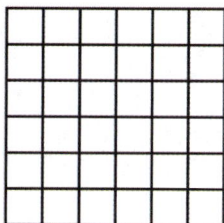

图2-16

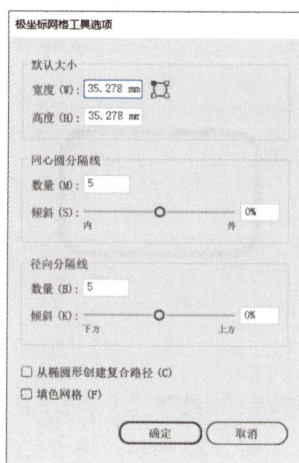
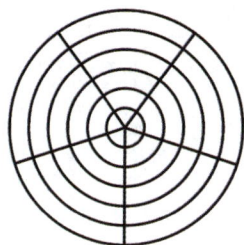

图2-17

2.3.2　绘制几何形状

在工具面板中，展开几何形状列表，如图 2-18 所示，此时将显示用于创建几何形状的各类工具。选中所需工具，并设置好相应的选项参数，即可开始绘制图形。

1. 矩形

在工具面板中选取"矩形工具"，在绘图区内单击，弹出"矩形"对话框，设置"宽度"和"高度"值，如图 2-19 所示。

单击"确定"按钮后，所创建的矩形效果如图 2-20 所示。此外，也可以直接在绘图区内指定对角点来绘制矩形。若在绘制过程中按住 Shift 键，则可以绘制出正方形，如图 2-21 所示。

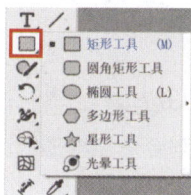
图2-18

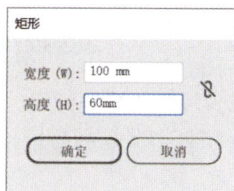
图2-19

图2-20

图2-21

2. 圆角矩形

选取"圆角矩形工具"后，在绘图区内单击，即可弹出"圆角矩形"对话框。在该对话框中，可以设置"宽度"与"高度"值，并自定义圆角半径，如图 2-22 所示。设置完成后，单击"确定"按钮关闭对话框，此时绘制的圆角矩形效果如图 2-23 所示。

3. 椭圆

选取"椭圆工具" 后，在绘图区内单击，此时会弹出"椭圆"对话框。在该对话框中，可以对"宽度"与"高度"值进行设置，如图 2-24 所示。设置完毕，单击"确定"按钮关闭对话框，绘制的椭圆效果如图 2-25 所示。此外，在绘制过程中，若按住 Shift 键，则可以绘制出圆形，其效果如图 2-26 所示。

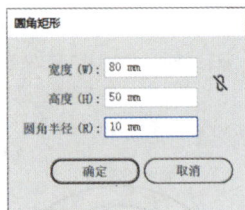

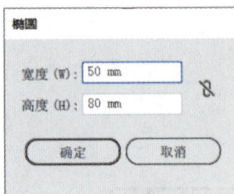

图2-22　　　　　　　图2-23　　　　　　　图2-24　　　　　　　图2-25　　　　　　　图2-26

4. 多边形

选取"多边形工具" 后，在绘图区内单击，此时会弹出"多边形"对话框。在该对话框中，可以对"半径"与"边数"值进行设定，如图 2-27 所示。设置完成后，单击"确定"按钮关闭对话框，此时绘制的多边形效果如图 2-28 所示。另外，在绘制多边形的过程中，按键盘上的 ↑ 键，能够增加多边形的边数；按 ↓ 键，则可减少边数，具体操作效果如图 2-29 所示。

5. 星形

选取"星形工具" ☆后，于绘图区内单击，此时会弹出"星形"对话框。在该对话框中，可以设置"半径1""半径2"以及"角点数"参数，如图 2-30 所示。设置完毕，单击"确定"按钮关闭对话框，此时绘制出的星形效果如图 2-31 所示。

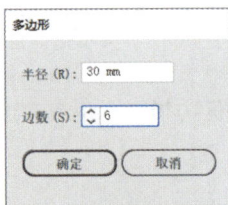

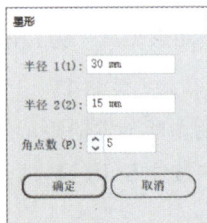

图2-27　　　　　　　图2-28　　　　　　　图2-29　　　　　　　图2-30　　　　　　　图2-31

选中星形后，在定界框的右上角会出现用于增加段数与减少段数的符号标识。此时，按住鼠标左键并向上拖动鼠标指针，可减少星形的段数，具体效果如图 2-32 所示；若向下拖动鼠标指针，则会增加星形的段数，具体效果如图 2-33 所示。

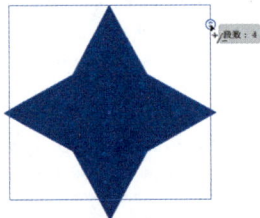

图2-32　　　　　　　　　　图2-33

　　将鼠标指针移至圆形夹点处，按住鼠标左键并向外拖动鼠标指针，此时夹角会转换为弧线，具体效果如图 2-34 所示；若向内拖动鼠标指针，则星形会恢复至原始状态。激活星形角点处的夹点后，按住鼠标左键并拖动，即可增大或减小星形的半径，具体效果如图 2-35 所示。

图2-34　　　　　　　　　　　　　　　　　　　　　　图2-35

6. 光晕

　　选取"光晕工具" 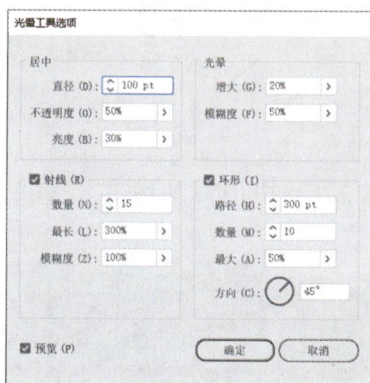 后，可通过以下两种方式弹出"光晕工具选项"对话框：一是双击该工具按钮；二是在绘图区内单击。弹出对话框后，可以按照图 2-36 所示设置相关参数。设置完成后，单击"确定"按钮关闭对话框，此时创建的光晕图形效果如图 2-37 所示。

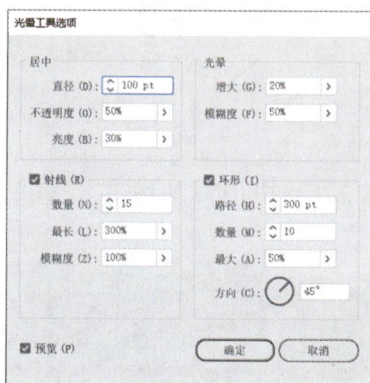　　　　　　　　　　　　　　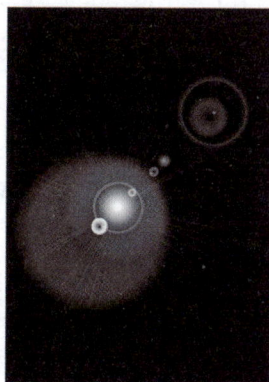

图2-36　　　　　　　　　　　　　　　　　　图2-37

2.3.3　实战：绘制卡通插画

　　本节将介绍如何运用形状工具（例如"椭圆工具""矩形工具""圆角矩形工具"以及"星形工具"等）来绘制卡通插画。具体的操作步骤如下。

01　选择"椭圆工具" ⬭ ，绘制深蓝色（#5379D2）的椭圆形，如图2-38所示。

02　重复上述操作，修改填充颜色为浅蓝色（#64A8D7），继续绘制椭圆形，如图2-39所示。

图2-38　　　　　　　　　　　　　　图2-39

03 选择"钢笔工具" ✒️，绘制填充色为蓝色（#6CB9DB）的形状，放置在椭圆形两侧，如图2-40所示。

04 选择"椭圆工具" ⬭，绘制蓝色（#6CB9DB）的椭圆形，如图2-41所示。

图2-40

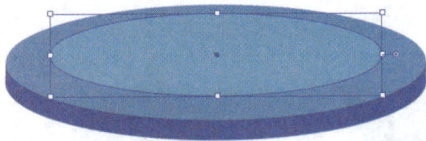

图2-41

05 选择"星形工具" ☆，绘制蓝色（#64A8D7）的星形，如图2-42所示。

06 选择"直接选择工具" ▷，选择星形，单击锚点并拖动，将角转换为圆弧，如图2-43所示。

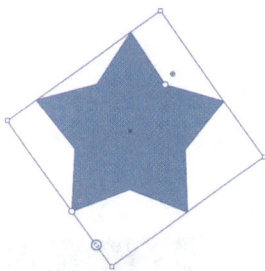

图2-42

图2-43

07 选择"倾斜工具" ↗️，选择星形，调整角度，如图2-44所示。

08 选择"椭圆工具" ⬭，绘制浅蓝色（#9ECCE2）、深蓝色（#87B8D0）的椭圆形，如图2-45所示。

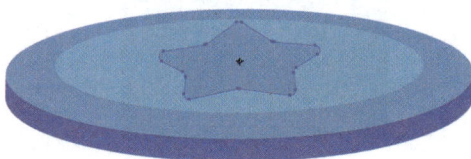

图2-44

图2-45

09 选择"椭圆工具" ⬭，按住Shift键，绘制粉红色（#D45757）、深红色（#C64A4A）的圆形，如图2-46所示。

10 为圆形添加锚点，利用"直接选择工具" ▷调整锚点的位置，绘制苹果向下凹陷的部位，再利用"圆角矩形工具" ▭、"椭圆工具" ⬭绘制苹果的叶柄和绿叶。绘制完成后选中图形编组，再按住Alt键向右复制一份，如图2-47所示。

图2-46

图2-47

11　选择"圆角矩形工具"▢，绘制紫色（#57429C）的圆角矩形作为茶几脚，按住Alt键并拖动复制两个副本，如图2-48所示。

12　选择"矩形工具"▢，分别绘制淡蓝色（#89A6E7）、灰蓝色（#BDCBE9）的矩形，利用"直接选择工具"▷调整矩形锚点的位置，使其符合透视原理，绘制结果如图2-49所示。

图2-48

图2-49

13　选择"椭圆工具"⬭，绘制灰色（#DEE5F4）的椭圆形，作为点缀地毯的装饰图案，如图2-50所示。

14　打开"背景.png"素材，将绘制完毕的茶几组合图形移至场景中，如图2-51所示。

图2-50

图2-51

2.4　创建自由形状

本节将介绍用于创建自由形状的几种工具，包括"铅笔工具""钢笔工具"和"平滑工具"。借助这些工具，用户能够绘制并编辑任意形状，进而组合成风格多样的插画。以下是这几个工具的具体使用方法。

2.4.1　铅笔工具

本节将介绍"铅笔工具"✏的使用方法。借助"铅笔工具"✏，用户能够在图稿中创建任意形状和线条。具体操作方法如下。

选择"铅笔工具"✏，或者按 N 键，随后拖动鼠标指针在画板上绘制任意形状，效果如图 2-52 所示。绘制完成后，切换至"直接选择工具"▷，拖动路径上显示的锚点，即可对形状进行调整。若要设置"铅笔工具"✏的属性参数，可双击"铅笔工具"按钮✏，此时会弹出"铅笔工具选项"对话框，如图2-53所示。在该对话框中，用户可以通过拖动滑块或直接输入参数值的方式，对铅笔的相关属性进行设置。设置过程中，若想恢复默认的参数，只需单击对话框中的"重置"按钮即可。

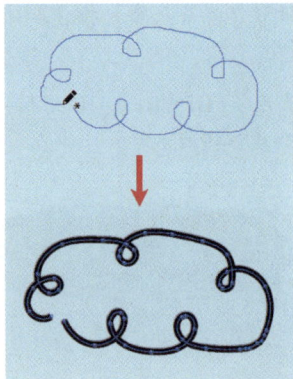

图2-52

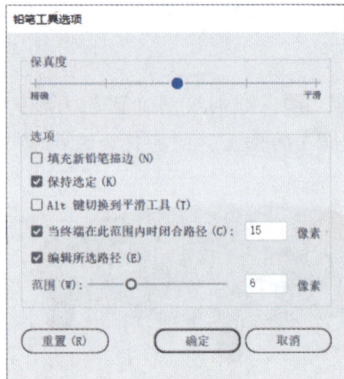

图2-53

2.4.2 钢笔工具

本节将介绍"钢笔工具" 🖋 的基本操作方法。选择"钢笔工具" 🖋，或者按 P 键，用户即可手动绘制线条、形状，以及具有直线或曲线边缘的图形，效果如图 2-54 所示。绘制完成后，可通过单击激活锚点和手柄来对已创建的路径和形状进行修改，修改示例如图 2-55 所示。

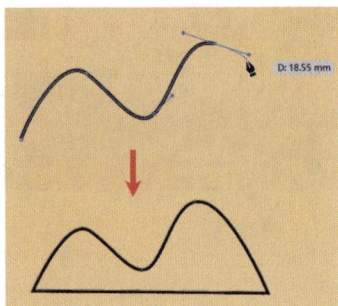

图2-54

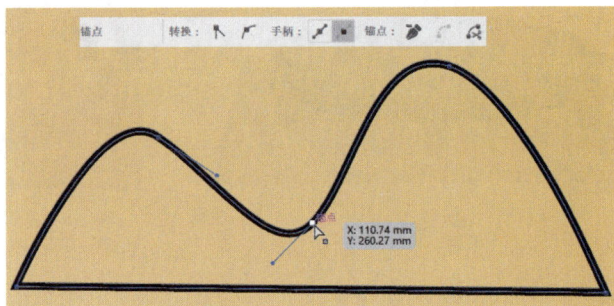

图2-55

在画板上任意位置单击，以此设置线条的起点；随后移动鼠标指针至合适位置，再次单击，即可绘制出一条线段，如图 2-56 所示。若希望将所绘制线段的角度限制为 45°的倍数，可以在移动鼠标指针并准备再次单击设置线段终点时，按住 Shift 键，然后单击，此时绘制的线段角度便会自动调整为 45°的倍数，如图 2-57 所示。

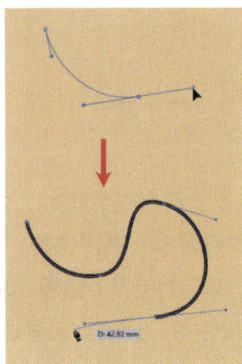

图2-56

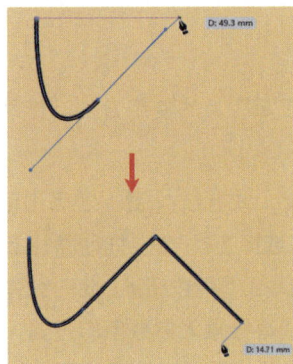

图2-57

在画板上单击，随后释放鼠标按键，以此创建锚点及其方向手柄。接着，拖动鼠标指针来设定曲线段的斜率，完成斜率设置后再释放鼠标按键。按照上述步骤重复操作，即可绘制出一段连续的曲线路径，具体效果如图 2-58 所示。

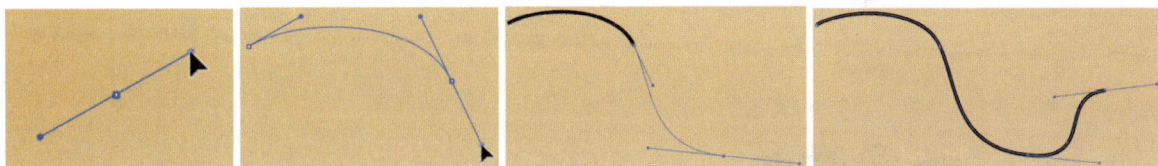

图2-58

在绘制路径时，若需要闭合路径，可将鼠标指针移至第一个（空心）锚点上，随后单击，即可完成路径的闭合操作，具体效果如图 2-59 所示。若希望保持路径的打开状态，则可将鼠标指针放置在远离当前路径的位置，接着按住 Ctrl 键并单击，此时路径将保持未闭合状态，如图 2-60 所示。

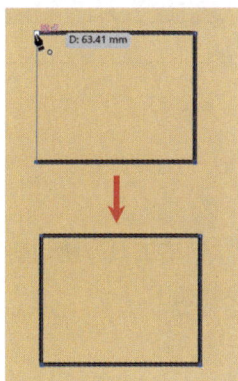

图2-59

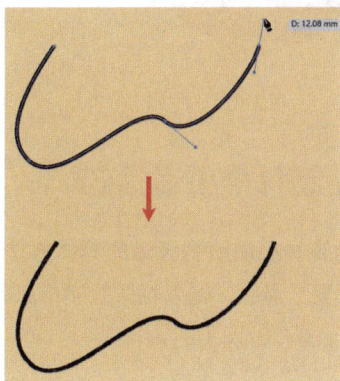

图2-60

2.4.3　平滑工具

本节将介绍"平滑工具" 的使用方法，借助该工具能够对路径进行调整，让作品边缘及曲线呈现更平滑的效果。具体操作步骤如下：首先，选中需要进行平滑处理的路径；随后，选择"平滑工具" ，并在选定的路径上多次拖动鼠标指针，以此实现对路径边缘和曲线的平滑处理，如图 2-61 所示。

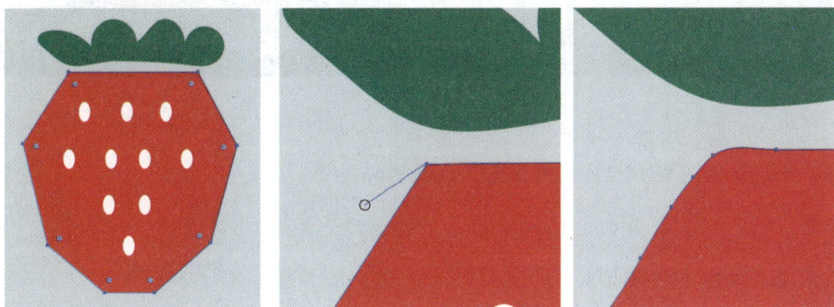

图2-61

在"平滑工具" 的工具栏中，向右拖动滑块，路径的平滑程度会随之增加，如图2-62所示。若单击工具栏右侧的"自动平滑"按钮 ，系统将自动为路径添加20%的平滑度。此外，双击"平滑工具"按钮 ，会弹出"平滑工具选项"对话框，如图2-63所示。用户可以在该对话框中设置平滑的保真度，以此调整使用"平滑工具" 时添加到路径的锚点数量。

图2-62

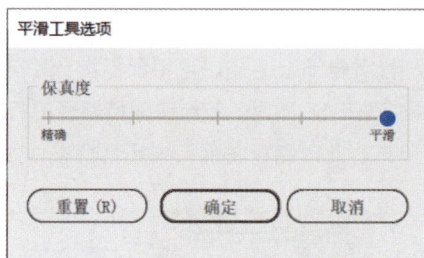

图2-63

2.4.4　实战：绘制林中小道插画

本节将详细阐述为森林小屋绘制步道的具体方法。首先，借助"钢笔工具" 勾勒出步道的轮廓；接着，绘制用于点缀步道的图案；最后，输入相关文字信息。具体的操作步骤如下。

01 打开"背景.png"素材，如图2-64所示。

02 选择"钢笔工具" ，绘制绿色（#73B15A）的步道图形，如图2-65所示。

图2-64

图2-65

03 重复上述操作，绘制黄色（#E1C278）的图形，如图2-66所示。

04 选择"椭圆工具" ，绘制土黄色（#DAAE69）的椭圆形，如图2-67所示。

05 重复上述操作，绘制绿色（#73B15A）的椭圆形，如图2-68所示。

06 选择"文字工具" ，选择合适的字体、字号以及颜色，在画面的右下角输入文字，完成插画的绘制，如图2-69所示。

图2-66

图2-67

图2-68

图2-69

2.5　编辑路径与锚点

本节将聚焦于编辑路径及其锚点的相关操作方法。通过精心编辑路径以及路径上的锚点，能够灵活调整图形的外观，使其精准适配不同的使用需求，进而有效增强用户编辑图稿的专业能力。

2.5.1　编辑路径

将鼠标指针精准地放置在锚点右下角的圆形夹点上，如图 2-70 所示。之后，按住鼠标左键并持续拖动鼠标指针，在此过程中，锚点处将逐渐创建出圆角效果，最终效果如图 2-71 所示。

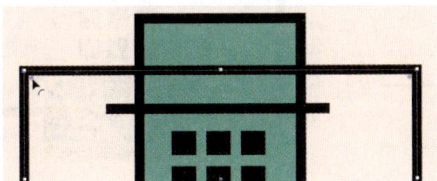

图2-70

图2-71

在图形编辑过程中，若要移动路径位置并改变图形外观，可先选择"直接选择工具"▷。随后，将鼠标指针精准地放置在目标路径上，按住鼠标左键并拖动鼠标指针，在此过程中，路径的位置将随之移动，图形的外观也会相应改变。若期望对路径进行更为精准的调整，可以在路径上恰当的位置添加锚点。添加锚点后，通过移动、旋转或调整锚点的控制手柄等方式来改变锚点的状态，进而影响路径的形状，最终达成理想的图形效果，如图 2-72 所示。

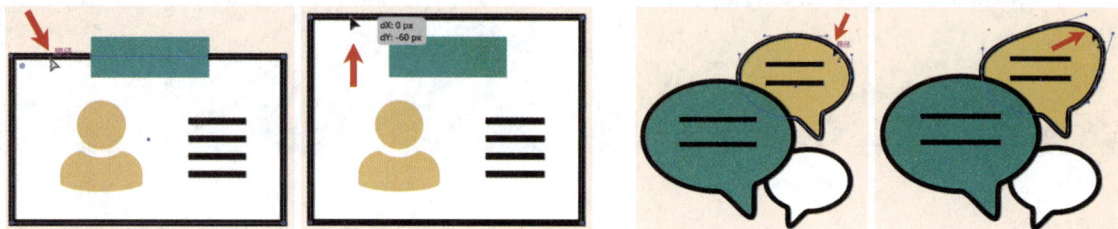

图2-72

2.5.2 编辑锚点

选择"添加锚点工具"✎，仔细观察路径，在需要添加锚点的合适位置单击，即可成功添加一个锚点，如图 2-73 所示。按照上述方法，在路径上其他需要编辑的位置依次单击，陆续添加锚点。完成所有锚点添加操作后，最终效果如图 2-74 所示。

选择路径中间的锚点，如图 2-75 所示，按 Delete 键将其删除，此时即可删除一段路径，如图 2-76 所示。

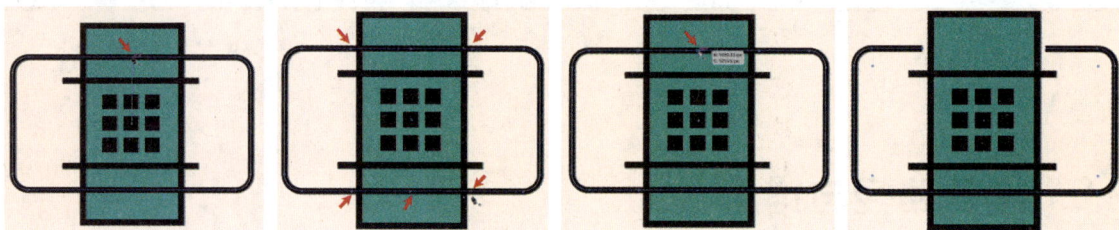

| 图2-73 | 图2-74 | 图2-75 | 图2-76 |

重复上述操作，持续进行添加锚点以及删除路径的操作，最终呈现的效果如图 2-77 所示。接着，选中圆角矩形的外轮廓，在画笔定义列表中选中"10 点圆形"画笔选项，以此更改路径的显示效果，如图 2-78 所示。

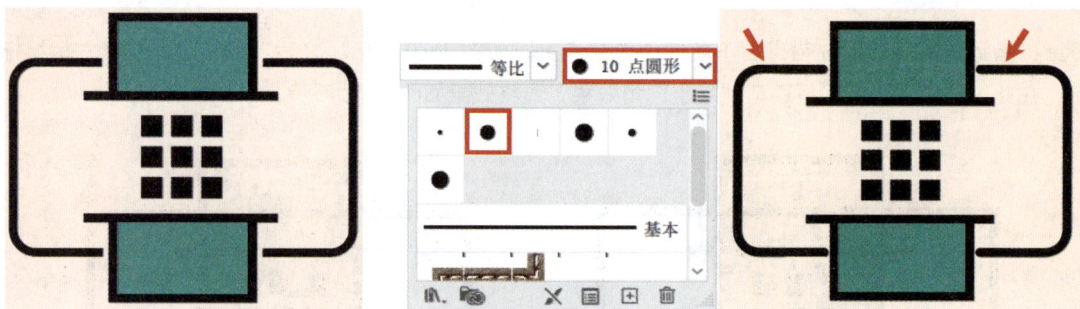

图2-77   图2-78

2.5.3　实战：绘制人物插画

本节介绍绘制人物下半身的方法，先利用"钢笔工具" 勾勒大致轮廓，再利用"直接选择工具" 选择、编辑锚点，完成图形的绘制。具体的操作步骤如下。

01 打开"背景.png"素材，如图2-79所示。

02 选择"钢笔工具" ，绘制绿色（#019EA9）的形状，如图2-80所示。

03 选择"直接选择工具" ，选择锚点并调整位置，编辑路径的结果如图2-81所示。

图2-79　　　　　　　　　　　　图2-80　　　　　　　　　　　　图2-81

04 重复上述操作，绘制深绿色（#06848D）的形状，再调整路径上的锚点，如图2-82所示。

05 利用"钢笔工具" 和"直接选择工具" ，绘制并编辑路径，如图2-83所示。

06 导入"左脚.png""右脚.png"素材，调整尺寸和位置，如图2-84所示。

图2-82　　　　　　　　　　　　图2-83　　　　　　　　　　　　图2-84

07 导入"手机.png"素材，放在人物背后，如图2-85所示。

08 在人物右腿上添加相应锚点并删除相应锚点，表现人物与手机的遮挡关系，最终完成插画的绘制，如图2-86所示。

图2-85

图2-86

2.6 图像描摹

图像描摹功能可以用于将导入的 JPEG、PNG、PSD 等栅格图像进行转换，使其成为高质量的矢量图稿，进而满足设计工作的应用需求。本节将详细介绍图像描摹功能的使用方法。

2.6.1 描摹图像

执行"文件"→"置入"命令，选取栅格图像并导入 Illustrator 。在画布上选中该图像，再执行"窗口"→"图像描摹"命令，即可调出"图像描摹"面板，如图 2-87 所示。

在不借助"图像描摹"面板所提供的选项前提下，执行"图像描摹"命令还有另外两种方式。

- 若要立即使用默认预设来执行"图像描摹"命令，需要先选中图像，随后在上下文任务栏中单击"图像描摹"按钮，如图 2-88 所示。

- 若要使用任意描摹预设来执行"图像描摹"命令，先选中图像，再在控制面板中单击"图像描摹"按钮，如图 2-89 所示。

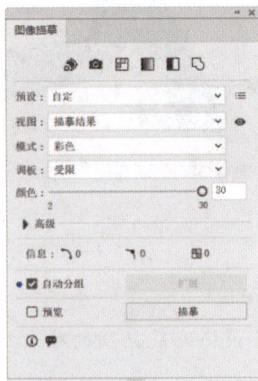

图2-87

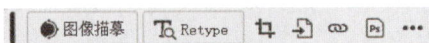

图2-88

图2-89

通过上述两种方式进行图像描摹操作后，均可使用"图像描摹"面板对描摹结果进行自定义设置。

在 Illustrator 工作界面的右上角，单击"切换工作区"按钮▣，在弹出的列表中选择"描摹"选项，即可获取针对图像描摹进行优化的工作区。

在"图像描摹"面板的"预设"下拉列表中，选择"增强预设"选项以切换至增强版本，如图 2-90 所示。增强预设为渐变、形状、透明度以及自动分组提供了内置支持，不过这些支持的具体内容取决于特定的预设。若使用旧版预设，则需要手动选择这些相关选项。

用户可以从面板顶部的图标列表或"预设"下拉列表中选择预设选项。描摹结果会替代原图像进行显示，且描摹速度受图像分辨率影响。用户可以调整面板中的描摹选项，根据实际需求对结果进行自定义设置。

选中置入的图像，在"预设"下拉列表中选择"3色"选项，稍作等待，图像描摹的结果如图 2-91 所示。

图2-90　　　　　　　　　　　　图2-91

2.6.2　编辑描摹对象

在"图像描摹"面板中，展开"高级"选项列表，此时列表内会显示多个选项，如图 2-92 所示，这些选项可以用于编辑描摹结果。选取"预设"为"3色"，将"颜色"值调整为10，以此增加图像中的颜色种类，效果如图 2-93 所示。若想了解其他选项设置后产生的效果，可以在修改参数的同时，密切观察图像的变化。

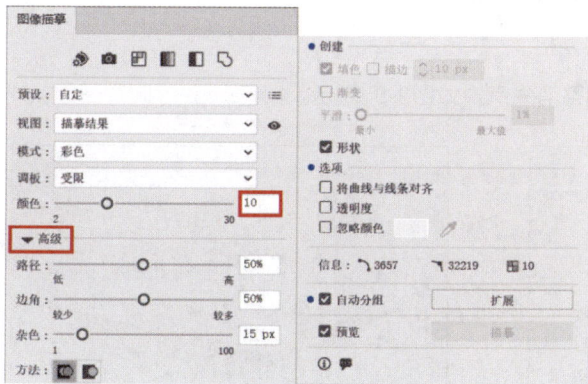

图2-92　　　　　　　　　　　　图2-93

2.6.3　释放描摹对象

选中描摹对象后，执行"对象"→"图像描摹"→"释放"命令，如图 2-94 所示，即可撤销当前的描摹结果，让图像恢复至原始状态，具体效果如图 2-95 所示。

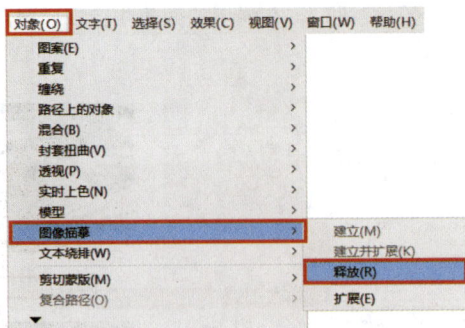

图2-94

图2-95

2.7 透视网格

在画布上显示透视网格，能够为绘制透视图提供精准的参考依据。用户激活透视网格上的相关构件后，即可自由调整透视网格，使其契合自身的使用需求。

2.7.1 认识透视网格

单击"透视网格"按钮，或者按快捷键 Shift+P，在画布中显示透视网格，如图 2-96 所示。如果需要调整透视透视网格，可将鼠标指针放在网格上显示的构件上，按住鼠标左键并拖动即可调整透视网格。

- 底边构件 ：拖动该构件以移动透视网格。
- 消失点构件 ：水平拖动该构件以调整消失点，如图2-97所示。

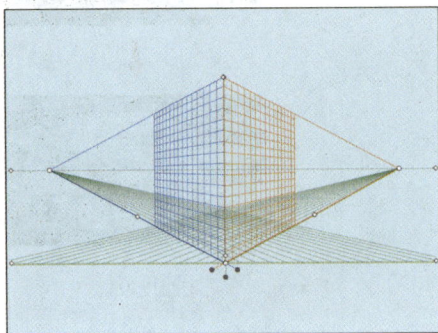

图2-96

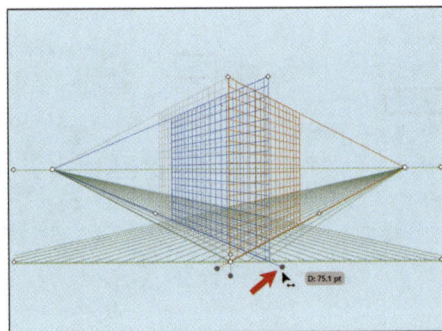

图2-97

- 水平线上的构件 ：垂直拖动该构件以调整水平高度。
- 网格范围构件 ：垂直或水平拖动该构件以调整网格在平面上的范围，如图2-98所示。
- 网格单元格大小构件 ：垂直或水平拖动该构件以调整网格单元格的大小。
- 原点构件 ：垂直或水平拖动该构件以调整网格的原点。

双击"透视网格"按钮，弹出"透视网格选项"对话框，在其中设置"显示现用平面构件""构件位置"以及"自动平面定位"选项，进一步控制透视网格的显示效果，如图 2-99 所示。

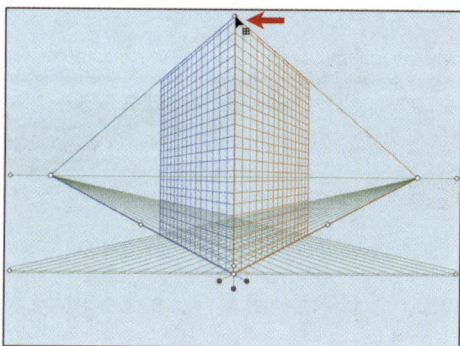

图2-98   图2-99

2.7.2 应用透视网格

在画布中显示出透视网格后，画布的左上角会呈现透视平面构件。该构件中包含 3 个平面网格，用户单击其中任意一个网格（如平面网格），选择"矩形工具"，绘制出红色平面，如图 2-100 所示。接着，单击右侧网格，使用"矩形工具"绘制黑色侧面，效果如图 2-101 所示。然后，选中左侧网格，继续绘制左侧面。通过这种方式限定绘制方向，用户能够轻松绘制出透视面。

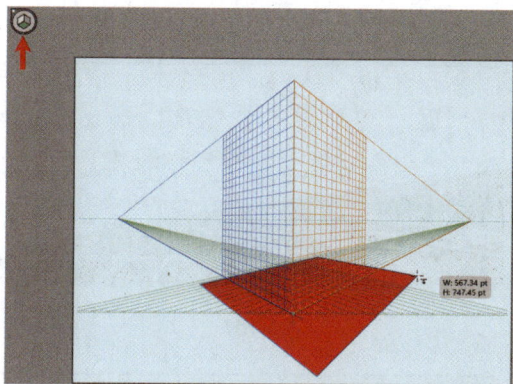

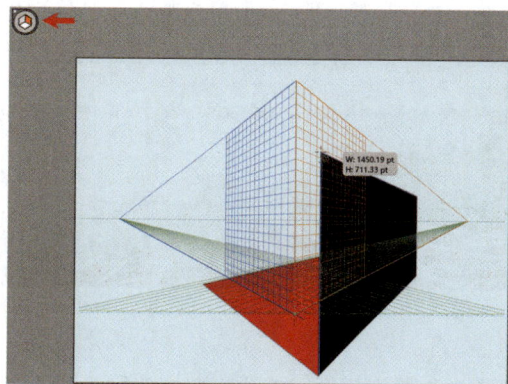

图2-100   图2-101

2.8 课后习题：绘制运营插画

本节将绘制一幅以"开学"为主题的运营插画。绘制时，先勾勒背景中的树木，接着绘制插画框架，随后输入相关文字，并添加装饰素材，最终完成整幅插画的绘制。具体的操作步骤如下。

01 打开"背景.png"素材，如图2-102所示。

02 选择"椭圆工具"  ，绘制多个黄色（#D9B542）的椭圆形，如图2-103所示。

图2-102   图2-103

03 选择所有的椭圆形，选择"形状生成器工具" ，选中所有的椭圆形，如图2-104所示，将所选椭圆形组合成为一个整体，如图2-105所示。

 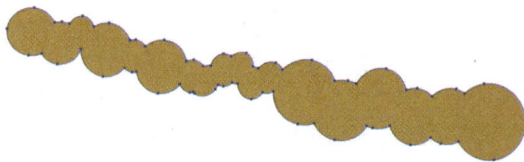

图2-104   图2-105

04 将绘制完成的图形移至背景上，并调整其位置与尺寸，如图2-106所示。

05 选择"钢笔工具" ，绘制白色形状，如图2-107所示。

 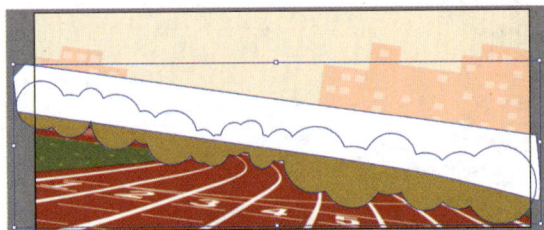

图2-106   图2-107

06 选择白色形状与黄色椭圆形组合图形，按快捷键Ctrl+7创建剪切蒙版，没有被白色形状覆盖的图形被切除，如图2-108所示。

图2-108

07 选择"圆角矩形工具" ，绘制蓝色（#2378A8）的矩形。使用"倾斜工具" ，选择矩形并向右倾斜，如图2-109所示。

08 继续使用"圆角矩形工具" ，绘制黑色的边框，并对边框执行倾斜操作，如图2-110所示。

图2-109

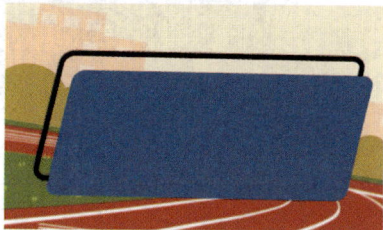

图2-110

09 设置填充色为浅粉色（#FCF7F0），绘制粉色圆角矩形。再绘制填充色为黑色的圆角矩形作为其倒影，最后对两个矩形执行倾斜操作，如图2-111所示。

10 选择"钢笔工具" ✐，绘制黑色形状，如图2-112所示。

11 使用"钢笔工具" ✐，绘制红色（#D44617）的三角形，如图2-113所示。

12 选择"文字工具" **T**，设置字体、字号及颜色，输入标题文字以及英文单词，如图2-114所示。

图2-111

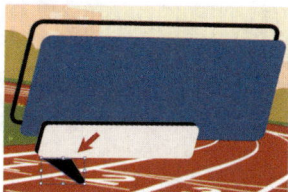

图2-112

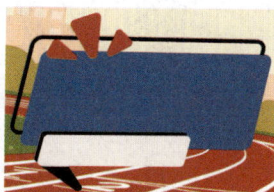

图2-113

图2-114

13 导入人物及树木素材，调整尺寸与位置，完成插画的绘制，如图2-115所示。

图2-115

第 3 章

海报设计：编辑形状对象

本章将介绍编辑形状对象的方法，涵盖复制与缩放、旋转与镜像以及倾斜与整形等操作。此外，借助"液化工具""封套扭曲工具"，能够改变形状对象的外观样式。熟练掌握并运用这些编辑工具，有助于将其更好地应用于海报设计之中。

3.1　什么是海报

海报是一种极为常见的招贴形式，它将图片、文字、色彩、空间等要素有机融合，多应用于电影、戏剧、比赛、文艺演出等活动。海报中通常需要明确标注活动的性质、主办单位、时间、地点等信息。海报的语言应简明扼要，形式则要新颖美观。如图 3-1 所示，为不同类型海报的效果。

图3-1

3.2　Illustrator 2025在海报设计中的应用

本章将介绍在 Illustrator 中设计海报的方法，所涉及的工具包括"对象变换工具""液化工具"以及"封套扭曲工具"等。借助这些工具，能够在海报设计过程中完成图形的创建与编辑工作。

在 3.4.3 小节中，运用缩放和复制功能，可以快速创建青柠檬副本，且不会对源图形造成影响。在 3.7.3 小节中，使用"变形工具"组中的工具，能够更改人像剪影的外观。在 3.11 节中，结合变形工具与对齐工具，可调整图形与文字的外观，使其契合设计要求。详细的操作过程，可浏览相应内容，此处不再赘述。

3.3　对象变换

对象变换命令功能丰富，涵盖移动、复制、缩放、旋转以及镜像等操作。借助对象变换命令，能够调整对象的位置与角度，创建对象副本，或者更改对象的外观。本节将介绍执行变换命令的具体方法。

3.3.1 启动变换命令

选中目标对象，如图 3-2 所示，进入"对象"→"变换"子菜单，其中包含各类变换命令，如图 3-3 所示。随后，在子菜单中执行所需命令，例如执行"移动"命令，即可弹出"移动"对话框。

图3-2

图3-3

在"移动"对话框中，可以对对象的移动参数进行设置，涵盖水平位移量、垂直位移量，以及移动距离和角度等。选中"预览"复选框后，在完成参数设置的情况下，即可预览对象的移动效果，如图 3-4 所示。单击"确定"按钮，对象将按照指定的水平距离向左移动，如图 3-5 所示。若单击"复制"按钮，则能够在指定距离处创建对象的副本。

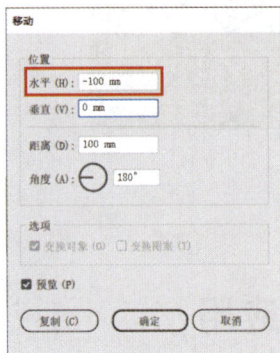

图3-4

图3-5

3.3.2 实战：调整海报图形的尺寸

本节将介绍调整海报图形尺寸的方法。在实际设计过程中，导入的素材尺寸往往难以直接契合设计图稿的要求，此时便需要对其进行调整。具体操作时，可先显示对象的定界框，再按比例对图形进行缩放。具体的操作步骤如下。

01 打开"背景.png"素材，如图3-6所示。

02 导入"3D图形.png""3D边框.png"素材，并将其置在画面中，如图3-7所示。

03 选择两个素材，显示定界框。将鼠标指针放在定界框的右上角，按住Shift键，向外拖动鼠标指针，如图3-8所示。

图3-6　　　　　　　　　　图3-7　　　　　　　　　　图3-8

04 导入"文字1.png"素材，此时文字很小，不易识别，先将其放置在画布的左上角，如图3-9所示。

05 选择文字，将鼠标指针放置在定界框的右上角，按住鼠标左键向外拖动鼠标指针，放大图形并移至合适的位置，如图3-10所示。

06 导入其他素材，调整尺寸与位置，完成海报的制作，如图3-11所示。

图3-9　　　　　　　　　　图3-10　　　　　　　　　　图3-11

3.4　对象的复制与缩放

　　执行复制、剪切与缩放操作，能够创建对象副本、移动对象位置以及调整对象尺寸。本节将详细介绍这些操作的具体方法。

3.4.1　复制/剪切与粘贴对象

　　选择对象，执行"编辑"→"复制"命令，将对象复制到剪切板；执行"编辑"→"粘贴"命令，即可在指定位置粘贴对象，如图 3-12 所示。此外，按快捷键 Ctrl+C 复制对象，按快捷键 Ctrl+V 粘贴对象。

图3-12

选择对象，双击进入隔离模式，选择猫爪印记对象，右击，在弹出的快捷菜单中选择"剪切"选项。退出隔离模式，按快捷键 Ctrl+V 粘贴对象，将猫爪印记对象移出对象组，如图 3-13 所示。按快捷键 Ctrl+X，也可以剪切对象。

图3-13

3.4.2　缩放对象

选择对象，执行"对象"→"变换"→"缩放"命令，在弹出的"比例缩放"对话框中设置"等比"值为200%，单击"确定"按钮，即可原地将对象放大 2 倍，如图 3-14 所示。

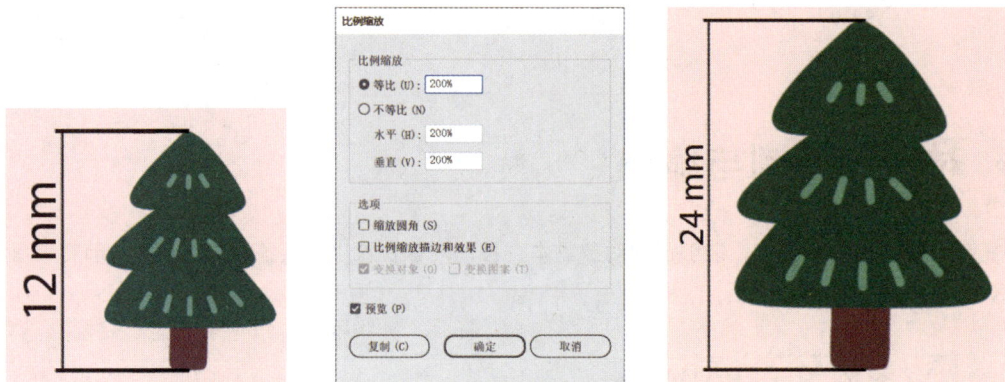

图3-14

在"缩放"对话框中，选中"不等比"单选按钮，可以分别设置"水平"和"垂直"方向上的缩放值。在"选项"选项区域中，可以设置不同的选项。单击"复制"按钮，在缩放对象的同时创建对象副本。

3.4.3　实战：复制与缩放海报中的图形

本节介绍柠檬饮品促销海报的制作方法。执行缩放与复制操作，可以快速得到缩放后的图形，并且不影响源图形。具体的操作步骤如下。

01 执行"文件"→"新建"命令，弹出"新建文档"对话框，设置参数如图3-15所示。单击"创建"按钮，新建一个空白文档。

02 选择"矩形工具" ▣，绘制与画布同等大小的浅黄色（#FBFBEA）矩形，如图3-16所示。

03 导入"青柠檬.png"素材，调整尺寸并放置在画布的右上角，如图3-17所示。

图3-15　　　　　　　　　　图3-16　　　　　　　　　　图3-17

04 选择青柠檬对象，执行"对象"→"变换"→"缩放"命令，弹出"比例缩放"对话框。设置"等比"值为30%，其他参数保持默认值，单击"复制"按钮，如图3-18所示。

05 缩放并复制青柠檬对象后，将其移至画布的左下角，如图3-19所示。

06 添加其他图形，输入文字，完成青柠檬饮品促销海报的绘制，如图3-20所示。

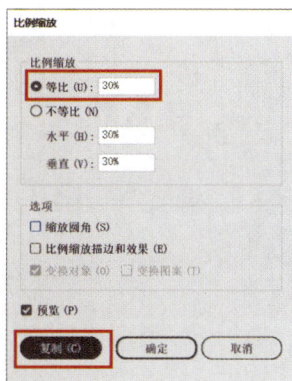　　　　

图3-18　　　　　　　　　　图3-19　　　　　　　　　　图3-20

3.5　对象的旋转与镜像

执行旋转与镜像操作，均能调整对象的角度，同时还可以创建对象的副本。本节将详细介绍这两种操作的具体方法。

3.5.1　旋转对象

选中目标对象后，执行"对象"→"变换"→"旋转"命令，此时会弹出"旋转"对话框。在该对话框中设置所需的旋转角度，随后单击"确定"按钮以关闭对话框，即可查看对象旋转后的效果，如图 3-21 所示。若单击"复制"按钮，则在旋转对象的同时会创建对象的副本，且源对象将保持原状，不会被删除。

图3-21

选择"旋转工具"，在对象上单击选择旋转中心点，按住鼠标左键并拖动，自定义旋转角度旋转对象。双击"旋转工具"按钮，也可以弹出"旋转"对话框。

3.5.2　镜像对象

选择对象，如图 3-22 所示。执行"对象"→"变换"→"镜像"命令，弹出"镜像"对话框。在该对话框中选择"垂直"单选按钮，保持角度为 90°不变，如图 3-23 所示。单击"复制"按钮，再单击"确定"按钮，在镜像对象的同时复制对象，如图 3-24 所示。

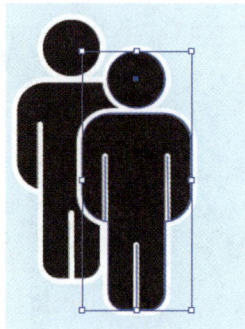

图3-22　　　　　　　　　　　　　图3-23

重复上述操作，继续镜像复制后排的人像，最终结果如图 3-25 所示。双击"镜像工具"按钮，也可以弹出"镜像"对话框。在其中设置参数，对图像执行镜像或者镜像复制操作。

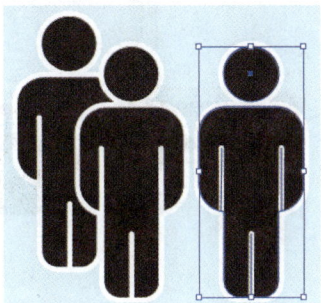

图3-24　　　　　　　　　　　　　　　图3-25

3.5.3　实战：镜像复制海报中的图形

　　本节将详细介绍制作预售海报的方法。在本次海报设计中，以口红作为主题商品。首先，对口红对象执行镜像复制操作；随后，编辑所生成的图形副本，以此制作出口红的倒影效果，让图像更具真实感与吸引力。具体的操作步骤如下。

01　打开"背景.png"和"口红.png"素材，如图3-26和图3-27所示。

02　选择口红，选择"镜像工具" ，按住Alt键，单击选择中心点并向下拖动，如图3-28所示。

03　弹出"镜像"对话框，设置"角度"值为-45°，单击"复制"按钮，如图3-29所示。

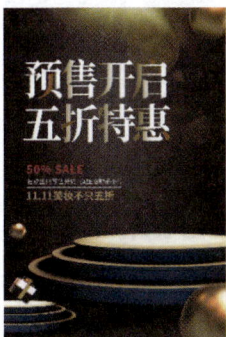

图3-26　　　　　　　图3-27　　　　　　　图3-28　　　　　　　图3-29

04　单击"确定"按钮关闭对话框，完成镜像复制对象的操作。调整口红的位置，如图3-30所示。

05　选择两个口红对象，双击"旋转工具"按钮 ，弹出"旋转"对话框，设置"角度"值为90°，单击"复制"按钮，如图3-31所示。

06　单击"确定"按钮，旋转复制对象，如图3-32所示。

07　选择"矩形工具" ，绘制任意颜色的矩形，放置在口红对象上，如图3-33所示。

08　选择口红对象和黑色矩形，按快捷键Ctrl+7创建剪切蒙版，如图3-34所示。

09　选择添加蒙版的对象，执行"效果"→"风格化"→"羽化"命令，弹出"羽化"对话框，设置参数如图3-35所示。

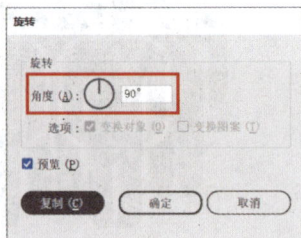

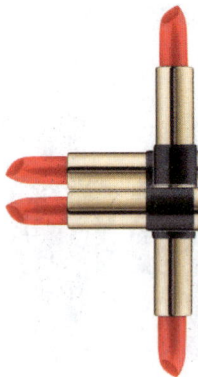

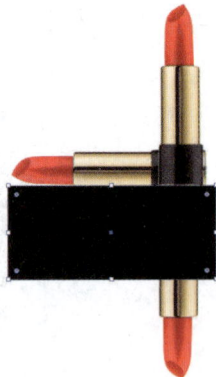

图3-30   图3-31   图3-32   图3-33

10 单击"确定"按钮，为对象添加羽化效果，如图3-36所示。

11 保持对象的选择状态，执行"效果"→"模糊"→"高斯模糊"命令，弹出"高斯模糊"对话框，设置"半径"值为3，如图3-37所示。

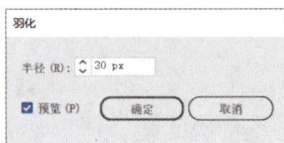

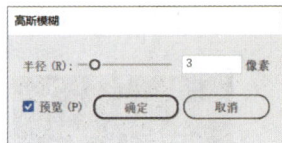

图3-34   图3-35   图3-36   图3-37

12 单击"确定"按钮，为对象添加模糊效果，如图3-38所示。

13 移动对象至背景中，在"透明度"面板中修改"不透明度"值为80%，完成预售海报的绘制，如图3-39所示。

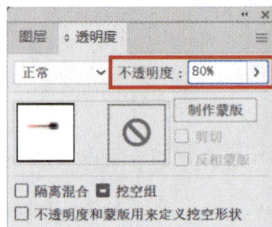

图3-38   图3-39

3.6　对象的倾斜与整形

执行倾斜与整形操作，能够改变对象的形态。此外，还可以通过修改其他样式属性，例如线宽、线型等，让对象以全新的外观呈现。本节将详细介绍这些操作的具体方法。

3.6.1　倾斜对象

选中目标对象后，单击工具面板中的"倾斜工具"按钮 。随后，单击对象上的锚点并拖曳鼠标指针，即可对对象进行倾斜操作。

若需要更精确地设置倾斜参数，可以双击"倾斜工具"按钮 ，此时会弹出"倾斜"对话框。在该对话框中，设置所需的"倾斜角度"值，并选择轴方向（如"水平"或"垂直"）以及轴"角度"。选中"预览"复选框后，便能实时查看对象的倾斜效果，如图 3-40 所示。此外，若在倾斜操作时单击"复制"按钮，系统将在倾斜对象的同时创建该对象的副本，而源对象将保持原状，不被修改。

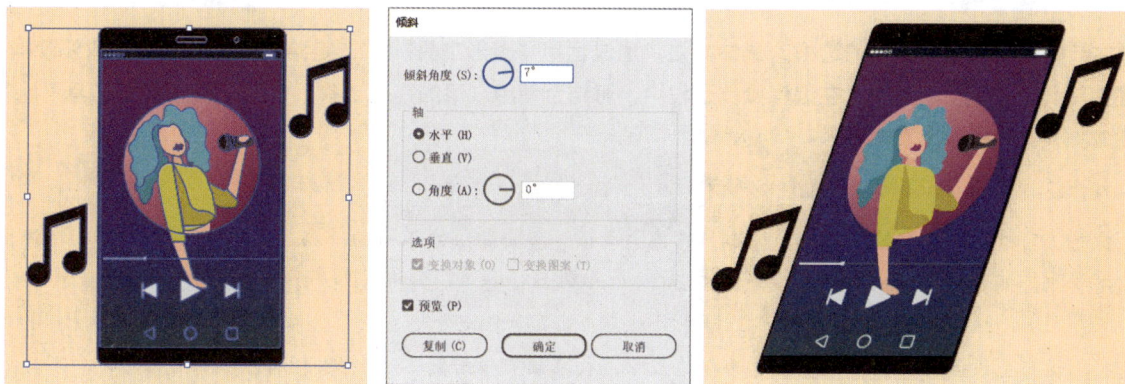

图3-40

3.6.2　整形对象

首先绘制一段路径，如图 3-41 所示。绘制完成后，单击工具面板中的"整形工具"按钮 ，以此激活路径上的锚点。随后，通过执行延伸、调整等操作，对路径进行精细处理，直至路径的样式满足设计要求，相关效果如图 3-42 所示。

图3-41

图3-42

在"图案箭头"面板中挑选所需的箭头样式，如图 3-43 所示。选择合适的箭头样式后，即可更改路径的外观，最终呈现的效果如图 3-44 所示。借助"整形工具" ，能够对已有的路径显示样式进行修改，从而使其适配不同类型的图稿需求。

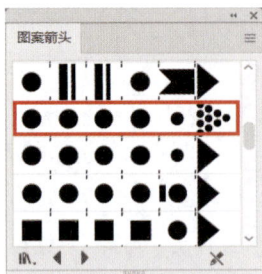

图3-43

图3-44

3.6.3　实战：编辑海报中的边框

本节将介绍编辑海报中的边框的具体方法。通过运用"整形工具" 选定路径，并调整路径的外观样式，能够使其契合实际使用需求。在编辑操作过程中，可结合使用"添加锚点工具" 与"直接选择工具" 来协同完成。具体的操作步骤如下。

01 打开"背景.png"素材，如图3-45所示。

02 执行"窗口"→"画笔"命令，调出"画笔"面板。单击面板左下角的"画笔库菜单"按钮 ，在弹出的菜单中选择"艺术效果"→"艺术效果_粉笔炭笔铅笔"选项，调出"艺术效果_粉笔炭笔铅笔"面板。在该面板中选择需要的笔刷，如图3-46所示。

03 将描边颜色设置为白色，选择合适的描边尺寸，并在画布中绘制路径，如图3-47所示。

04 重复上一步操作，继续绘制路径，如图3-48所示。

图3-45

图3-46

图3-47

图3-48

05　选择左侧的路径，单击"整形工具"按钮 ，激活路径上的锚点，调整路径的显示样式，如图3-49所示。

06　重复上一步操作，继续调整其他路径，如图3-50所示。在调整的过程中，可以利用"添加锚点工具" 、"直接选择工具" ，在路径上添加锚点，或者单独编辑某个锚点，并在"整形工具" 的配合下，完成编辑路径的操作。

07　选择"文字工具" ，输入文字，导入二维码素材，放置在画面的右下角，页面的编排效果如图3-51所示。

08　输入标题文字，利用"整形工具" 调整边框，使其适应文字，最终绘制的效果如图3-52所示。

图3-49

图3-50

图3-51

图3-52

3.7　液化工具

　　液化工具涵盖"变形工具""旋转扭曲工具""缩拢工具"以及"膨胀工具"等。选中这些工具后，对选定的对象执行编辑操作，即可更改对象的外观样式。本节将详细介绍相关操作方法。

3.7.1　液化工具选项设置

　　在工具面板中展开液化工具列表，此时会显示 Illustrator 所包含的液化工具，如图 3-53 所示。用户从中选择任意一种工具，即可将其调用。

　　若要进一步设置工具参数，可以双击该工具按钮。例如，双击"变形工具"按钮 ，便会弹出"变形工具选项"对话框，如图 3-54 所示。在该对话框中，可以设置画笔尺寸、变形选项等参数。完成参数设置后，单击"确定"按钮，即可依据所设置的参数开展操作。若需要恢复参数的默认设置，只需单击"重置"按钮即可。

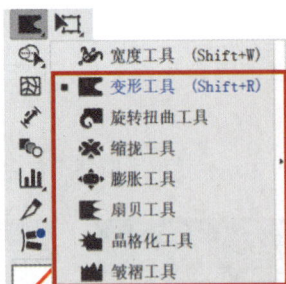

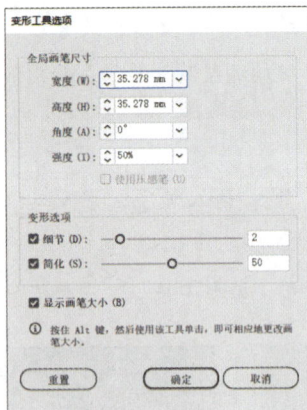

图3-53　　　　　　　　　　　　　　　　图3-54

3.7.2　液化工具使用方法

1. 变形工具

双击"变形工具"按钮 ▇，在弹出的"变形工具选项"对话框中设置"全局画笔尺寸"参数，调整"细节""简化"参数。单击"确定"按钮，使用"变形工具"在裙子图形上涂抹，更改裙摆的显示效果，如图 3-55 所示。

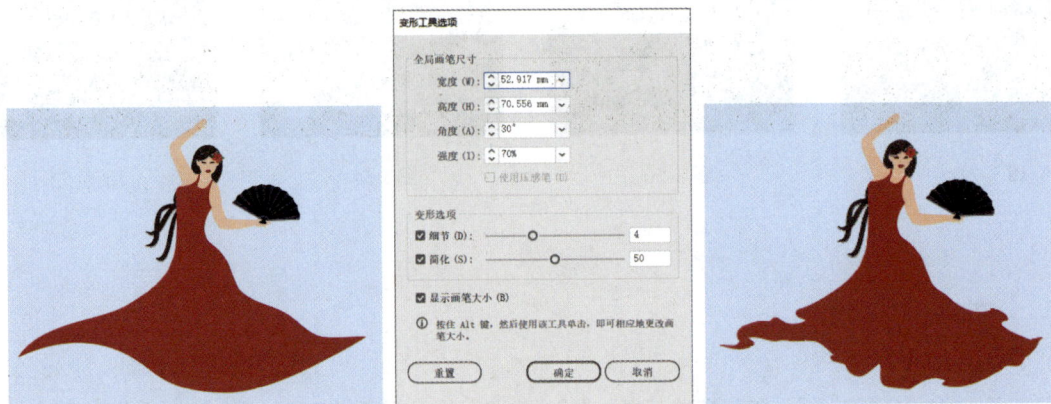

图3-55

2. 旋转扭曲工具

双击"旋转扭曲工具"按钮 ▇，在弹出的"旋转扭曲工具选项"对话框中设置参数，单击"确定"按钮关闭对话框。使用"旋转扭曲工具"在裙摆图形边缘涂抹，创建扭曲效果，如图 3-56 所示。

3. 缩拢工具

双击"缩拢工具"按钮 ▇，弹出"收缩工具选项"对话框，设置参数后单击"确定"按钮。使用"缩拢工具"在裙摆图形上涂抹，收缩裙摆的效果如图 3-57 所示。

4. 膨胀工具

双击"膨胀工具"按钮 ▇，弹出"膨胀工具选项"对话框，分别设置画笔尺寸与膨胀选项参数。按住 Shift+Alt 键，增大画笔笔刷，在裙摆图形上涂抹，增大裙摆的幅度，效果如图 3-58 所示。

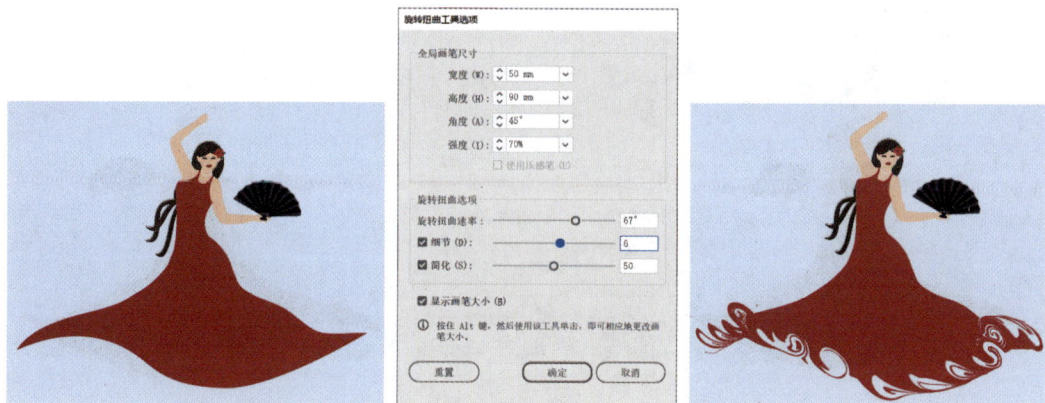

图3-56

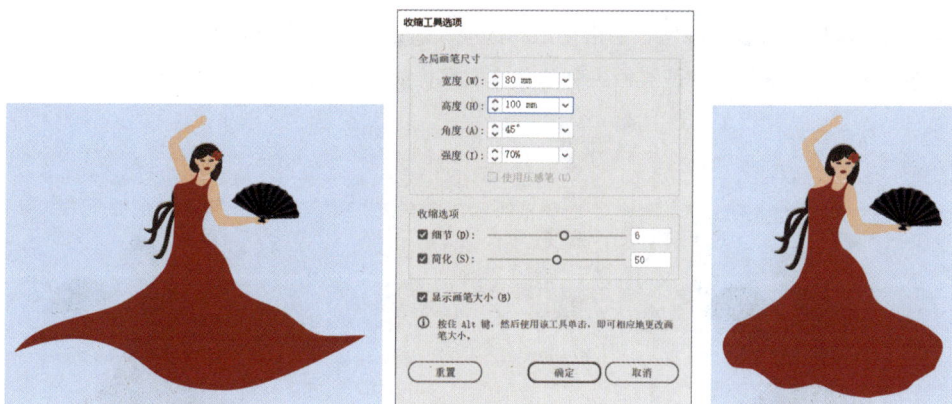

图3-57

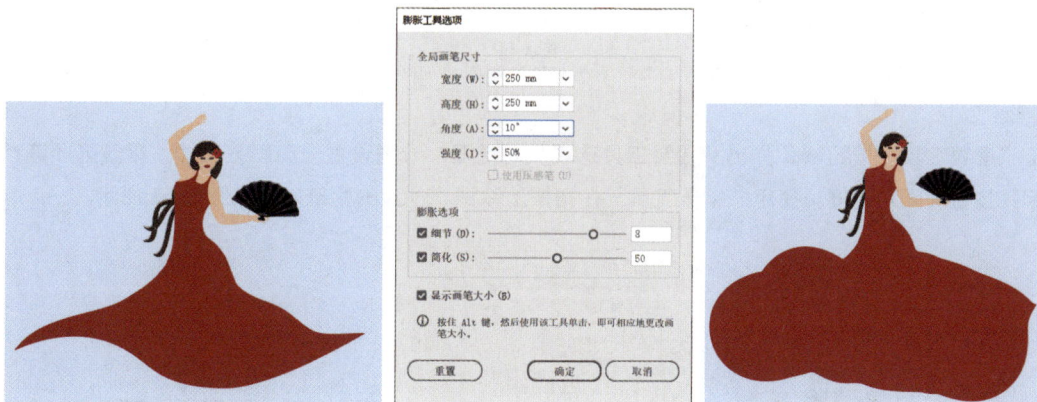

图3-58

5. 扇贝工具

双击"扇贝工具"按钮 ，在"扇贝工具选项"对话框中设置参数。使用"扇贝工具"涂抹裙摆边缘，显示与扇贝纹路相似的纹理，丰富裙摆的外观样式，如图 3-59 所示。

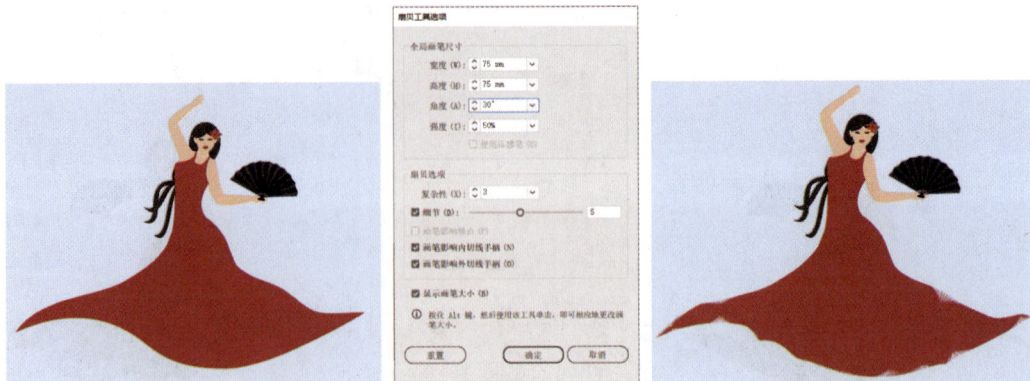

图3-59

6. 晶格化工具

双击"晶格化工具"按钮 ，弹出"晶格化工具选项"对话框，设置参数后单击"确定"按钮。使用"晶格化工具"在裙摆图形边缘涂抹，创建类似尖刺的装饰图案，如图 3-60 所示。

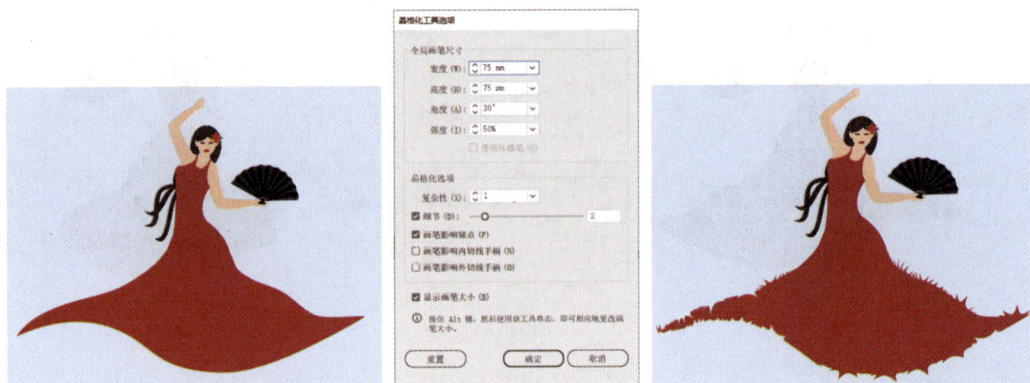

图3-60

7. 褶皱工具

双击"褶皱工具"按钮 ，弹出"褶皱工具选项"对话框，分别设置全局画笔尺寸、褶皱选项等参数，单击"确定"按钮关闭对话框。使用"褶皱工具"在裙摆上涂抹，创建的褶皱效果如图 3-61 所示。

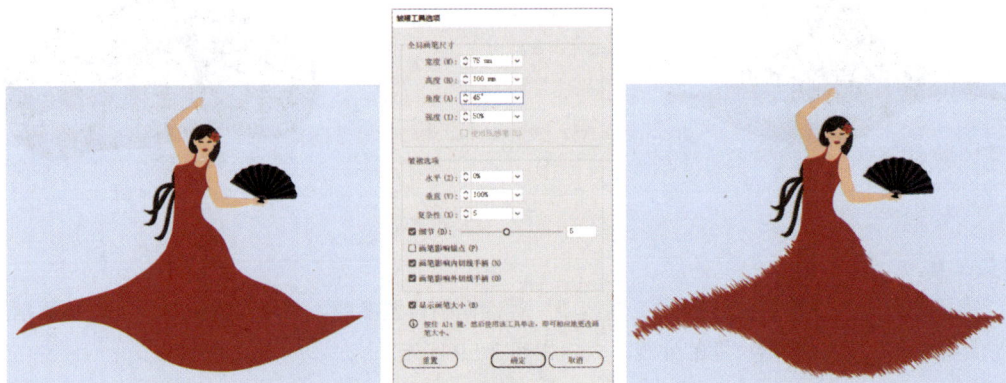

图3-61

3.7.3　实战：在海报中制作头像剪影

本节将详细介绍如何运用"变形工具"■对头像剪影图形进行编辑，使其轮廓更加柔和，从而能够更好地应用于海报制作中。具体的操作步骤如下。

01　打开"头像.png"素材，如图3-62所示。选择"变形工具"■，鼠标指针显示为圆形笔刷，按住鼠标左键在头像上涂抹，使其边缘更加平滑，如图3-63所示。变形操作的结果如图3-64所示。

02　选择头像，在"渐变"面板中设置渐变参数，如图3-65所示。

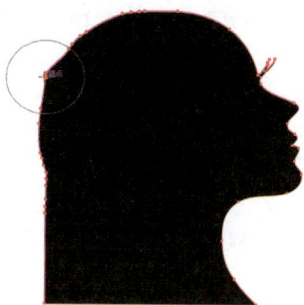

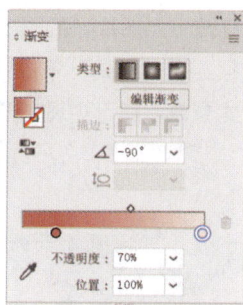

图3-62　　　　　　　图3-63　　　　　　　图3-64　　　　　　　图3-65

03　选择头像图形，执行"效果"→"模糊"→"高斯模糊"命令，弹出"高斯模糊"对话框，设置"半径"值为6，如图3-66所示。单击"确定"按钮关闭对话框，编辑头像的结果如图3-67所示。

04　打开"背景.png"素材，如图3-68所示。将头像移至背景素材中，放置在画面的上方，如图3-69所示。

05　导入装饰素材，调整位置与尺寸，如图3-70所示。

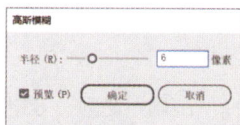

图3-66　　　　　　　图3-67

06　输入文字信息，注意选择不同的字体、字号与颜色，海报制作的效果如图3-71所示。

图3-68　　　　　　　图3-69　　　　　　　图3-70　　　　　　　图3-71

3.8　封套扭曲

通过为对象添加封套扭曲效果，能够改变对象的外观，使其符合多种不同的使用需求。本节将介绍运用变形来建立封套扭曲的方法。此外，在建立封套扭曲后，还可以继续对其进行编辑，以调整封套及其内容的外观样式。

3.8.1　利用变形建立封套扭曲

打开一张图片，如图 3-72 所示。执行"对象"→"封套扭曲"→"用变形建立"命令，弹出"变形选项"对话框。在"样式"下拉列表中，显示多种变形样式，如图 3-73 所示。选择任意一种样式后，在对话框中设置样式参数，即可实现变形效果。

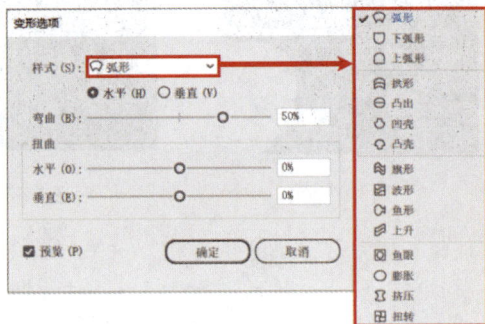

图 3-72　　　　　　　　　　　　　　　图 3-73

在"样式"下拉列表中选择"弧形"选项，图形的显示效果如图 3-74 所示。通过设置"弯曲""水平""垂直"参数，可以调整弧形的显示样式。

在"样式"下拉列表中选择"凸出"选项，图形分别向上、下两边凸出，内容稍有变形，如图 3-75 所示。

图 3-74　　　　　　　　　　　　　　　图 3-75

在"样式"下拉列表中选择"旗形"选项，图形显示为一面正在迎风飘扬的旗帜，如图 3-76 所示。

在"样式"下拉列表中选择"挤压"选项，图形像被外力挤压，内容向中间聚拢，如图 3-77 所示。

图3-76   图3-77

其他样式的变形效果请自行尝试，可以在预览模式下观看不同变形样式的对应效果。

3.8.2　编辑封套

选择封套变形对象，在控制面板中显示编辑构件。此时，默认激活"编辑封套"按钮，并显示当前封套的各项参数，如样式、方向、弯曲、扭曲等，如图 3-78 所示。

图3-78

在控制面板中修改参数。选择"垂直"单选按钮，设置"弯曲"和 V（垂直扭曲）值，此时封套随之发生改变，其中的内容也随着封套的改变而自动更新，如图 3-79 所示。

图3-79

在控制面板中单击"编辑内容"按钮，显示内容定界框，如图 3-80 所示。单击"蒙版"按钮，为对象添加蒙版，隐藏效果如图 3-81 所示。

图3-80 图3-81

将鼠标指针放置在定界框上，按住左键向内移动鼠标指针，调整蒙版的位置，定界框以外的内容被隐藏，如图 3-82 所示。恢复定界框的原始位置，被隐藏的内容重新显示。

图3-82

3.8.3　实战：变形处理海报中的文字

本节介绍利用封套扭曲中的"变形工具"来处理海报文字的方法。首先输入文字，再为其添加变形效果，最后绘制装饰图形，完成海报的制作。具体的操作步骤如下。

01 打开"背景.png"素材，如图3-83所示。打开"人物.png"素材，调整尺寸，并将其放置在画面的右下角，如图3-84所示。

02 选择"文字工具" **T**，设置字体、字号及颜色，输入海报的标题文字，如图3-85所示。

03 选择文字，执行"对象"→"封套扭曲"→"用变形建立"命令，弹出"变形选项"对话框，在"样式"下拉列表中选择"上升"选项，并设置弯曲参数，如图3-86所示。

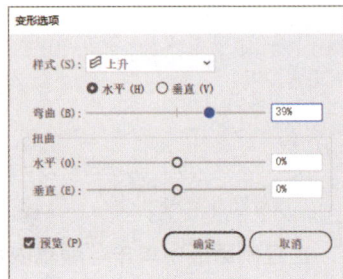

图3-83 图3-84 图3-85 图3-86

04　单击"确定"按钮，为文字添加上升效果，如图3-87所示。

05　重复上述操作，先输入文字，再为文字添加变形效果。选择"矩形工具" ，绘制黑色矩形，为矩形添加上升效果，将其作为文字的底纹，如图3-88所示。

06　输入介绍文字，不需要为文字添加变形效果，如图3-89所示。

07　绘制装饰图形，完成海报的制作，如图3-90所示。

图3-87　　　　　　　图3-88　　　　　　　图3-89　　　　　　　图3-90

3.9　路径形状

本节将介绍与路径形状相关的知识，涵盖路径形状生成和路径编辑这两部分内容。借助"路径查找器"面板中的工具，用户能够对对象进行合并、修剪等操作，进而获得全新的图形。此外，利用"形状生成器工具"，同样可以重新定义图形。

3.9.1　"路径查找器"面板

执行"窗口"→"路径查找器"命令，调出"路径查找器"面板，如图3-91所示。在该面板中显示"形状模式"与"路径查找器"两类工具。选择对象，单击工具按钮，即可执行相应的操作。

在"路径查找器"面板的右上角单击 按钮，可以弹出面板菜单。选择相应选项，可以弹出对话框，或者对图形执行操作。例如选择"路径查找器选项"选项，弹出"路径查找器选项"对话框，在其中可设置路径查找的相关参数，如图3-92所示。若选择"重复合并"选项，则会对图形执行再次合并的操作。

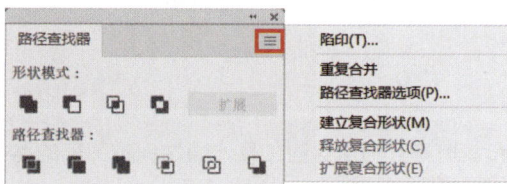 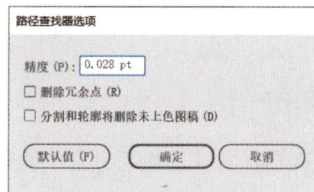

图3-91　　　　　　　　　　　　　　　　图3-92

3.9.2　创建形状

创建形状有 4 种模式，分别是联集、减去顶层、交集以及差集。选择图形后单击工具按钮，就可以创造一个新图形。

1. 联集

选择图形，单击"联集"按钮![图标]，可以将选中的图形合并为一个整体。顶层的图形颜色决定了合并后的图形颜色，如图 3-93 所示。

2. 减去顶层

选择图形，单击"减去顶层"按钮![图标]，利用后面的图形减去前面的图形，后面的图形保留前面图形的轮廓，如图 3-94 所示。

图3-93

图3-94

3. 交集

选择图形，单击"交集"按钮![图标]，两个对象相交的部分会被删除。前面图形的填充颜色决定了交集操作后的图形颜色，如图 3-95 所示。

4. 差集

选择图形，单击"差集"按钮![图标]，排除重叠的区域，创建一个复合形状。前面图形的颜色决定了差集操作后的图形颜色，如图 3-96 所示。

图3-95

图3-96

3.9.3　编辑路径

编辑路径有 6 种方式，包括分割、修边、合并和裁剪等。利用这些工具，通过编辑图形的路径，使其重新组合描边与填充属性，最后创造一个新图形。

1. 分割

选择图形，单击"分割"按钮🖿，对图形的重叠区域进行分割，可以独立编辑分割后的图形，如图3-97 所示。

图3-97

2. 修边

选择图形，单击"修边"按钮🖿，删除图形重叠的部分，创建"镂空"效果，如图 3-98 所示。

图3-98

3. 合并

选择图形，单击"合并"按钮🖿，图形重叠的部分被删除，相互遮挡的图形变得"残缺不全"，如图 3-99 所示。

4. 裁剪

选择图形，单击"裁剪"按钮🖿，保留图形重叠的部分，后面图形的颜色决定了裁剪后的图形颜色，如图 3-100 所示。

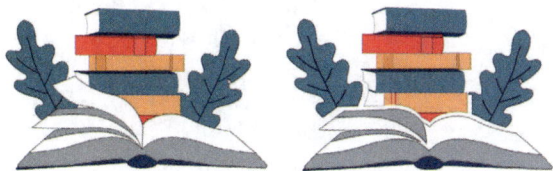

图3-99

图3-100

5. 轮廓

选择图形，单击"轮廓"按钮🖿，删除图形的填充，保留描边，描边的颜色与填充颜色相同，如图 3-101 所示。

6. 减去后方对象

选择图形，单击"减去后方对象"按钮🖿，后面的图形被删除，前面图形呈现"挖空"效果，如图 3-102 所示。

图3-101　　　　　　　　　　　　　图3-102

3.9.4　形状生成器

利用形状生成器可以通过合并或删除简单的对象来创建复杂对象。

选择对象，单击"形状生成器工具"按钮 ，或者按快捷键 Shift+M，单击选定区域以提取需要合并的形状部分，操作过程如图 3-103 所示。鼠标划过要合并的区域，即可合并被选中的图形，并生成新图形。

图3-103

3.9.5　实战：为海报绘制云朵

本节介绍为海报绘制云朵的方法，首先利用"椭圆工具" 绘制填充渐变色的圆形，再选择"形状生成器工具" 将所有的椭圆组合成一个整体，最后输入文字，绘制装饰图形即可完成海报的绘制。具体的操作步骤如下。

01 执行"文件"→"新建"命令，弹出"新建文档"对话框，设置参数如图3-104所示。单击"创建"按钮，新建一个空白文档。

02 选择"椭圆工具" ，在画布的下方绘制椭圆，调出"渐变"面板并设置参数，为椭圆填充渐变色，如图3-105所示。

03 重复上一步操作，继续绘制椭圆，并为其填充渐变色，如图3-106所示。

04 选择所有的椭圆，单击形状生成器工具按钮 ，鼠标划过要合并的区域，如图3-107所示。合并图形的结果如图3-108所示。

图3-104

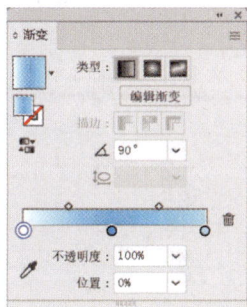

图3-105　　　　　　　图3-106　　　　　　　图3-107　　　　　　　图3-108

05 导入"背景.png"素材，放置在绘制完成的云朵后面，如图3-109所示。

06 选择"矩形工具" ，在画布的下方绘制矩形，并在"渐变"面板中设置参数，为矩形填充渐变色，如图3-110所示。

07 选择矩形，执行"效果"→"风格化"→"羽化"命令，弹出"羽化"对话框，设置参数如图3-111所示，单击"确定"按钮关闭对话框。

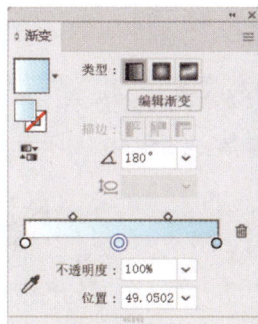

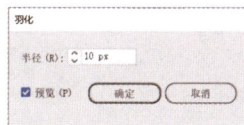

图3-109　　　　　　　　　　　图3-110　　　　　　　　　　　图3-111

08 保持矩形的选择状态，执行"效果"→"模糊"→"高斯模糊"命令，弹出"高斯模糊"对话框，设置"半径"值为6，如图3-112所示。

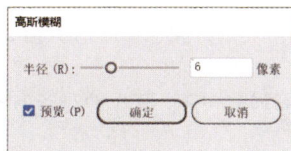

图3-112

09 单击"确定"按钮关闭对话框，为矩形添加"高斯模糊"效果，如图3-113所示。

10 选择"文字工具" T，选择字体、字号以及颜色，并输入文字，再添加其他的装饰图形，完成海报的绘制，如图3-114所示。

图3-113   图3-114

3.10   对象的对齐与排列

本节将详细介绍对象对齐与排列的方法。在对象对齐操作中，存在两种方式，分别为指定对齐方向以及设定分布间距。

3.10.1   "对齐"面板

执行"窗口"→"对齐"命令，调出"对齐"面板，如图 3-115 所示。单击面板右上角的 ▤ 按钮，在弹出的菜单中选择"显示选项"选项，可以显示隐藏的选项参数，如图 3-116 所示。

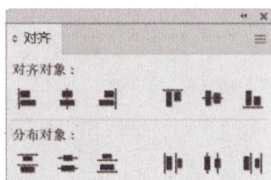

图3-115   图3-116

3.10.2   对齐对象

本节将介绍对象对齐的方法。在对象对齐操作中，有 6 种对齐方式，具体涵盖水平左对齐、水平居中对齐、水平右对齐等。

1. 水平左对齐

选择对象，单击"水平左对齐"按钮 ▤，在垂直方向上向左对齐所选对象，如图 3-117 所示。

2. 水平居中对齐

选择对象，单击"水平居中对齐"按钮 ▤，在垂直方向上居中对齐所选对象，如图 3-118 所示。

<table>
<tr><td>图3-117</td><td>图3-118</td></tr>
</table>

3. 水平右对齐

选择对象，单击"水平右对齐"按钮 ■，在垂直方向上向右对齐所选对象，如图 3-119 所示。

4. 垂直顶对齐

选择对象，单击"垂直顶对齐"按钮 ■，在垂直方向上顶端对齐所选对象，如图 3-120 所示。

图3-119　　　　　　　　　　图3-120

5. 垂直居中对齐

选择对象，单击"垂直居中对齐"按钮 ■，在垂直方向上居中对齐所选对象，如图 3-121 所示。

6. 垂直底对齐

选择对象，单击"垂直底对齐"按钮 ■，在垂直方向上沿底端对齐所选对象，如图 3-122 所示。

图3-121　　　　　　　　　　图3-122

3.10.3　分布对象

本节将介绍对象分布的方法。在对象分布操作中，有 6 种分布方式，具体包括垂直顶分布、垂直居中分布、垂直底分布等。用户可以通过设置分布间距，来明确指定对象之间的分布距离。

1. 垂直顶分布

全选对象，再单独选择其中一个对象，设置"分布间距"值为 200，单击"垂直顶分布"按钮 ■，按指定的间距在垂直方向居顶分布对象，如图 3-123 所示。

2. 垂直居中分布

全选对象，再单独选择其中一个对象，设置"分布间距"值为 100，单击"垂直居中分布"按钮 ■，按指定的间距在垂直方向居中分布对象，如图 3-124 所示。

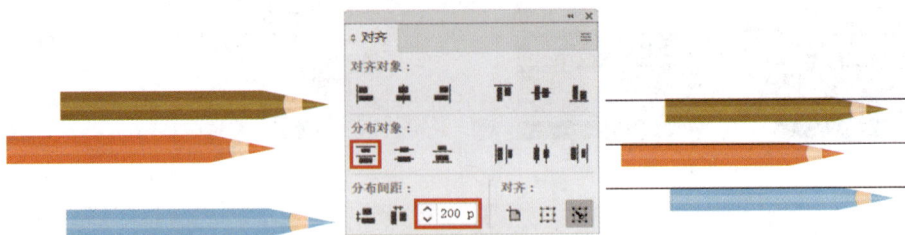

图3-123

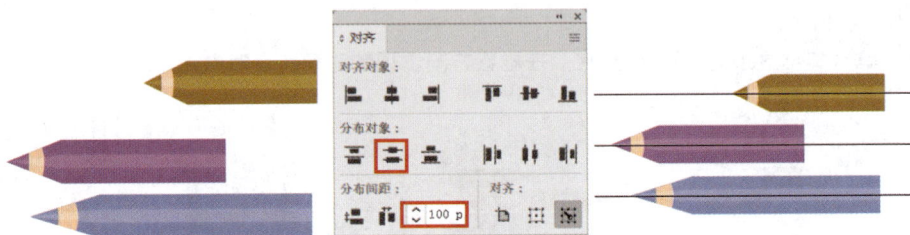

图3-124

3. 垂直底分布

全选对象，再单独选择其中一个对象，设置"分布间距"值为 100，单击"垂直底分布"按钮，按指定的间距在垂直方向居底部分布对象，如图 3-125 所示。

图3-125

4. 水平左分布

全选对象，再单独选择其中一个对象，设置"分布间距"值为 150，单击"水平左分布"按钮，按指定的间距在水平方向沿左侧分布对象，如图 3-126 所示。

图3-126

5. 水平居中分布

全选对象，再单独选择其中一个对象，设置"分布间距"值为 150，单击"水平居中分布"按钮▮▮，按指定的间距在水平方向居中分布对象，如图 3-127 所示。

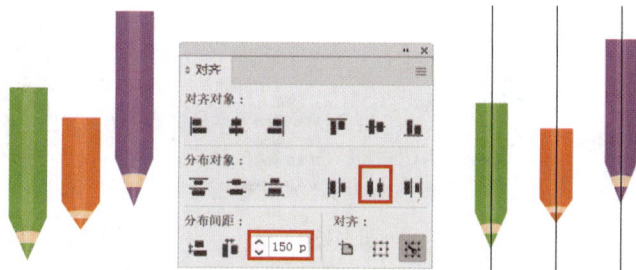

图3-127

6. 水平右分布

全选对象，再单独选择其中一个对象，设置"分布间距"值为 150，单击"水平右分布"按钮▮▮，按指定的间距在水平方向居右分布对象，如图 3-128 所示。

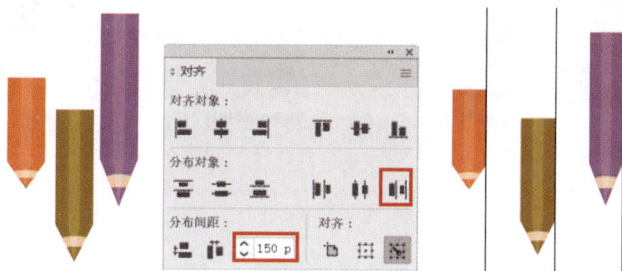

图3-128

3.10.4　排列对象

排列对象有 4 种方式，分别是置于顶层、前移一层、后移一层和置于底层，本节介绍具体的操作方法。

1. 置于顶层

选择橙色的五角星，右击，在弹出的快捷菜单中选择"排列"→"置于顶层"选项，即可将橙色五角星放置在顶层，如图 3-129 所示。

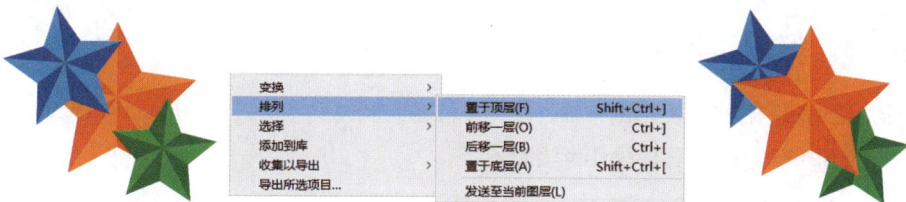

图3-129

2. 前移一层

选择绿色五角星，右击，在弹出的快捷菜单中选择"排列"→"前移一层"选项，绿色五角星前移一层，移至顶层，如图 3-130 所示。

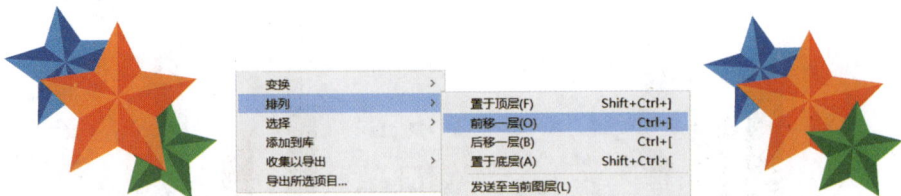

图3-130

3. 后移一层

选择橙色的五角星，右击，在弹出的快捷菜单中选择"排列"→"后移一层"选项，橙色五角星后移一层，此时蓝色五角星处在顶层，如图 3-131 所示。

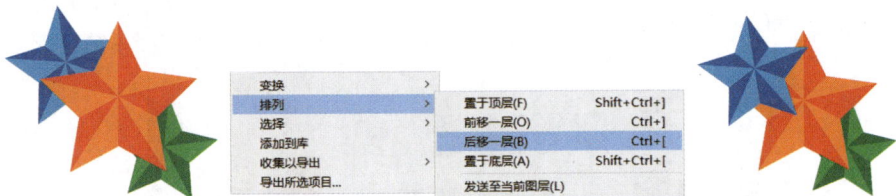

图3-131

4. 置于底层

选择橙色五角星，右击，在弹出的快捷菜单中选择"排列"→"置于底层"选项，橙色五角星被放置在底层，其他 3 个五角星均前移一层，如图 3-132 所示。

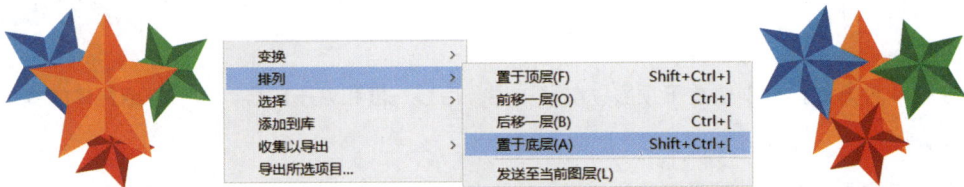

图3-132

3.10.5　实战：编辑科技海报中的图形

本节将详细介绍编辑科技海报图形的方法。在完成图形绘制或文字输入操作后，可以借助"对齐"面板中的工具，轻松实现图形的对齐。具体的操作步骤如下。

01　打开"背景.png"素材，如图3-133所示。

02　选择"圆角矩形工具" ▢ ，绘制填充为无，描边为青色（#00FFFD）的边框，如图3-134所示。

03　选择"添加锚点工具" ✒ ，在边框路径上添加锚点。选择"直接选择工具" ▷ ，再选择锚点，按Delete键删除锚点，与锚点相关的线段也被删除，编辑结果如图3-135所示。

04　重复操作，继续绘制青色的圆角矩形边框，并修改边框的尺寸，绘制结果如图3-136所示。

   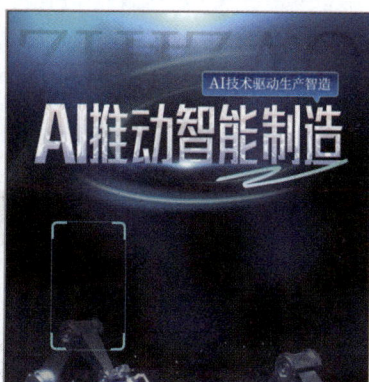

　　　图3-133　　　　　　图3-134　　　　　　图3-135　　　　　　图3-136

05　选择绘制完成的边框图形，按快捷键Ctrl+G编组。
选中组，按住Alt键向右移动并复制。选择所有
的图形，在"对齐"面板中先单击"垂直居中对
齐"按钮■，再单击"水平居中分布"按钮■，
对齐图形的结果如图3-137所示。

06　导入图标素材，分别放置在边框之中。选择图标
与边框，在"对齐"面板中单击"水平居中对
齐"按钮■，将二者对齐。再选择3个图标，先单
击"垂直居中对齐"按钮■，再单击"水平居中
分布"按钮■，对齐图形的结果如图3-138所示。

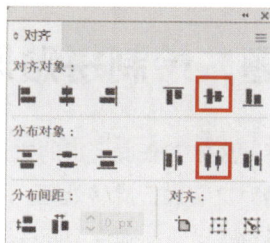

图3-137

07　选择图标，执行"效果"→"风格化"→"投影"命令，弹出"投影"对话框，并设置参数如图3-139
所示。

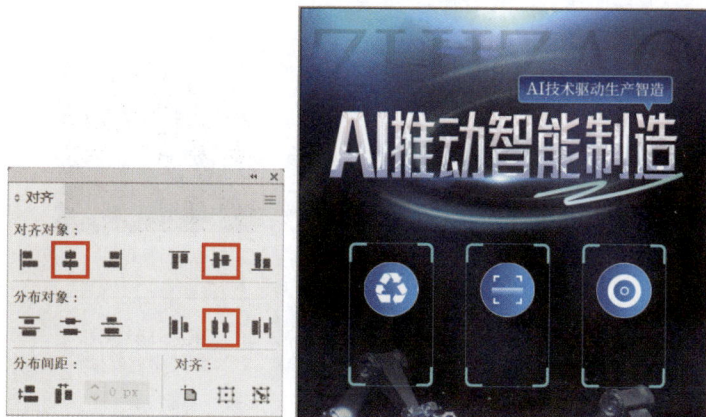

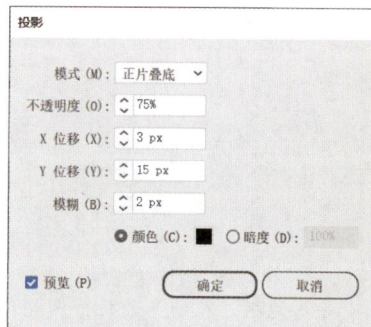

　　　　图3-138　　　　　　　　　　　　　　　　　图3-139

08 单击"确定"按钮，为图标添加投影的效果如图3-140所示。

09 选择"文字工具" **T**，选择字体、字号以及颜色，在图标的下方输入文字，再利用"对齐"面板中的工具对齐文字，完成海报的绘制，如图3-141所示。

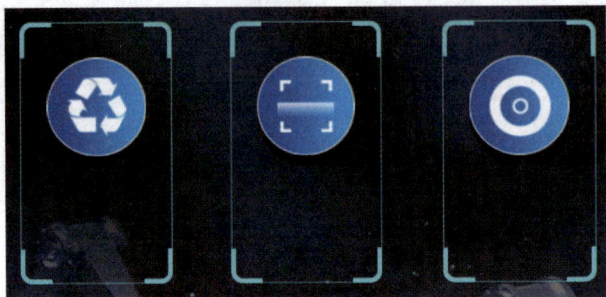

图3-140　　　　　　　　　　　　　　　　　　　图3-141

3.11　课后习题：绘制拼贴风旅游长屏海报

　　本节将详细阐述绘制拼贴风旅游长屏海报的方法。在完成背景与装饰素材的导入操作后，先绘制色块，再于色块之上输入文字，接着对文字进行旋转处理，并为其添加变形效果，以此增强画面的灵动感。随后，运用对齐工具对图形与文本进行对齐操作，确保画面在活泼的氛围中不失严谨性。具体的操作步骤如下。

01 执行"文件"→"新建"命令，弹出"新建文档"对话框，设置参数如图3-142所示。单击"创建"按钮，新建一个空白文档。

02 导入"背景.png"素材，调整尺寸，放置在画布的上方，如图3-143所示。

图3-142　　　　　　　图3-143

03 导入边框、人物等素材，调整尺寸，放在画布的合适位置，如图3-144所示。

04 选择"文字工具" **T**，设置字体、字号以及颜色，在色块上输入文字，如图3-145所示。

05 选择文字，显示边界框，将鼠标指针放置在边界框的右下角，鼠标指针显示为双箭头样式，按住左键并拖曳旋转文字，使其与色块的角度相同，如图3-146所示。

06 选择"钢笔工具" 🖊，绘制橙色（#F09A2C）、蓝色（#006DC5）、黄色（#FFC000）色块，如图3-147所示。

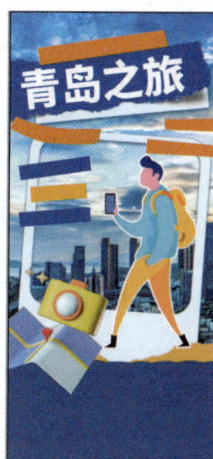

图3-144　　　　　图3-145　　　　　　　　　图3-146　　　　　　　　　图3-147

07 选择"文字工具" 🅣，在色块上输入文字。选择文字，显示边界框，将鼠标指针放置在边界框的角点上，按住鼠标左键并拖曳，旋转文字，操作结果如图3-148所示。

08 继续输入文字，如图3-149所示。

09 选择文字，执行"对象"→"封套扭曲"→"用变形建立"命令，弹出"变形选项"对话框，选择"弧形"样式，设置"弯曲"值为–10%，如图3-150所示。

10 单击"确定"按钮关闭对话框，为文字添加变形效果如图3-151所示。

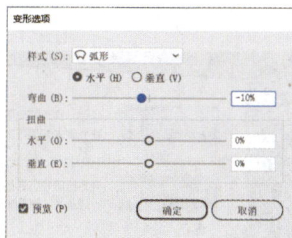

图3-148　　　　　图3-149　　　　　　图3-150　　　　　　图3-151

11 继续输入文字，如图3-152所示。

12 选择文字，执行"对象"→"封套扭曲"→"用变形建立"命令，弹出"变形选项"对话框，在"样式"下拉列表中选择"旗形"选项，设置参数如图3-153所示。

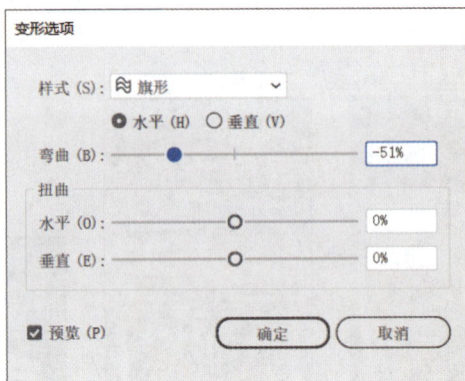

图3-152   图3-153

13 单击"确定"按钮，为文字添加变形效果。旋转文字，使其适应色块的外观，如图3-154所示。

14 选择"钢笔工具" ，绘制填充为粉色（#F7F1EA）、描边为黑色的色块，如图3-155所示。

图3-154   图3-155

15 选择"矩形工具" ，绘制蓝色（#0B81E1）的圆角矩形。选择"文字工具" ，输入标题文字与段落文字。在"对齐"面板中依次单击"水平左对齐"按钮 、"水平居中对齐"按钮 ，对齐图形与文字，如图3-156所示。

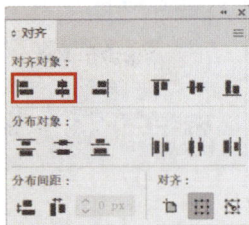

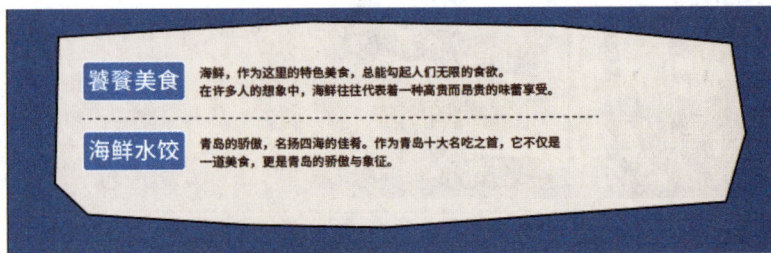

图3-156

16 选择"文字工具" **T** ，输入文字，执行"效果"→"风格化"→"投影"命令，在弹出的"投影"对话框中设置参数。单击"确定"按钮关闭对话框，为文字添加投影效果，如图3-157所示。

图3-157

17 导入"二维码.png"素材，调整尺寸，并放置在画面的右下角，完成海报的绘制，如图3-158所示。

图3-158

第 4 章

App 界面设计：颜色填充与路径绘制

本章将详细介绍颜色填充与绘制路径的方法。Illustrator 支持单色填充、渐变填充以及图案填充等多种填充方式。用户能够根据自身需求自定义填充类型，从而创作出丰富多样的填充效果。此外，通过为对象添加描边，可以有效强化对象的轮廓，使其与其他图形清晰地区分开来。

4.1　什么是App

App 是指安装在手机上的应用程序服务。在智能手机普及的今天，各类 App 层出不穷，满足大众的需求，App 的推广受到外观设计与功能编排的影响。

如图 4-1 所示，呈现的是某购物类 App 的主界面。用户在该界面中，能够便捷地浏览各类商品信息，并完成指定商品的购买操作。如图 4-2 所示，展示的是该 App 的登录界面。用户需要先在 App 中完成注册流程，注册成功后即可输入个人信息。系统后台会对用户信息进行妥善保留，同时依据用户的使用习惯，定时向用户推送与之相关的内容。如图 4-3 所示，为某教育类 App 的主界面。用户在该界面中具备多种功能权限，例如收听网络课程、自主制定个人课程表、实时记录学习进度，以及与授课老师进行线上互动交流等。

图4-1　　　　　　　　图4-2　　　　　　　　图4-3

4.2　Illustrator 2025在App界面设计中的应用

在 App 设计领域，涉及多种不同类型界面的制作，例如闪屏页、引导页、主界面、弹窗界面以及登录界面等。不同界面所包含的内容各异，而 Illustrator 为这些界面的制作提供了极大的便利。

在 4.3.3 小节中，将运用"颜色"面板与"色板"面板为引导页填充底色。在此基础上，进一步绘制图形、输入文字，即可完成引导页的制作。

在 4.6.4 小节中，可借助 Illustrator 自带的生成图案功能，生成图案。随后，对生成的图案进行编辑操作，使其成为闪屏页的背景。这一功能能够有效节省设计师绘制或寻找背景素材的时间。

除此之外，Illustrator 中的其他功能也为 App 界面设计创造了极为有利的条件。具体内容，请查阅本章相关内容。

4.3 填充单色

在为图稿进行填色操作时，用户通常会在"颜色"面板与"色板"面板中选取所需的颜色或图案。此外，用户可以依据个人偏好创建色板组，以便在后续设计过程中随时调用。本节将详细介绍"颜色"面板与"色板"面板的具体使用方法。

4.3.1 "颜色"面板

执行"窗口"→"颜色"命令，即可调出"颜色"面板。单击该面板右上角的 ≡ 按钮，会弹出相应菜单，其中包含关于该面板操作的选项，如图 4-4 所示。默认情况下，颜色模式为 CMYK 模式，用户可以根据实际需求选择其他颜色模式，例如灰度模式、RGB 模式、HSB 模式以及 Web 安全 RGB 模式。

在弹出的菜单中选择"反相"选项后，面板中会显示当前颜色的反相颜色，如图 4-5 所示。若选择"补色"选项，面板则会显示当前颜色的补色颜色。

当选择"创建新色板"选项时，会弹出"新建色板"对话框，如图 4-6 所示。用户可以在该对话框中设置相关参数，设置完成后，单击"确定"按钮，即可成功创建色板。在后续进行绘图操作时，可以随时调用已创建的色板来完成填色操作。

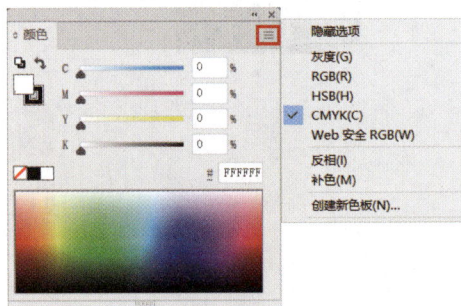  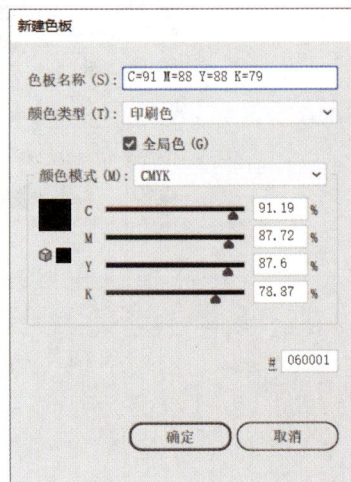

图4-4　　　　　　　　　　图4-5　　　　　　　　　　图4-6

4.3.2 "色板"面板

执行"窗口"→"色板"命令，即可调出"色板"面板。单击该面板右上角的 ≡ 按钮，会弹出相应菜单，其中包含关于该面板操作的选项，如图 4-7 所示。用户选择菜单中的相关选项，能够执行新建色板、新建色板组，以及复制色板、合并色板等操作。

单击该面板下方的"色板库"按钮 ▥，在弹出的菜单中会显示色板库的类型，如图 4-8 所示。色板库的类型包括中性物品、儿童物品、公司以及图案等多种类型。用户选择任意一项，即可调出对应的面板，并显示该色板库的具体内容。

单击"显示色板类型"按钮 ■，在弹出的菜单中会显示色板组类型选项，如图 4-9 所示。用户既可以选择显示所有色板，也可以选择仅显示某一类色板。

图4-7　　　　　　　　　　　　图4-8　　　　　　　　　　　　图4-9

4.3.3　实战：填充App引导页底色

本节将详细介绍为 App 引导页填充底色的方法。用户设置好颜色参数后，可以将其创建为色板，并保存在"色板"面板中，以便后续随时调用。具体的操作步骤如下。

01　执行"文件"→"新建"命令，弹出"新建文档"对话框，设置参数如图4-10所示。单击"创建"按钮，新建一个空白文档。

02　执行"窗口"→"颜色"命令，调出"颜色"面板，设置R、G、B参数值，单击面板右上角的 ▤ 按钮，在弹出的菜单中选择"创建新色板"选项，如图4-11所示。

03　弹出"新建色板"对话框，修改色板名称为"App底色"，如图4-12所示。

04　单击"确定"按钮，在"色板"面板中查看新建色板的结果，如图4-13所示。

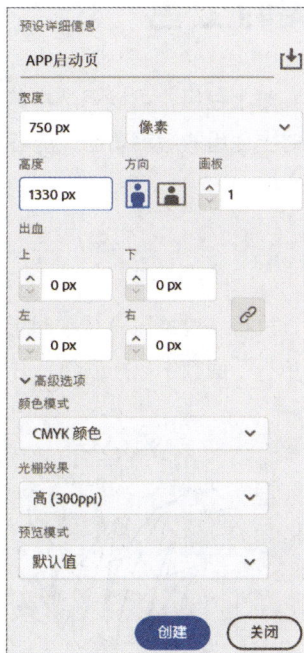

图4-10

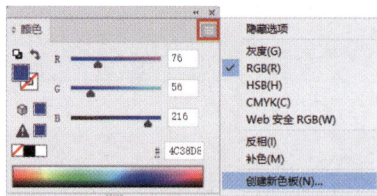
图4-11

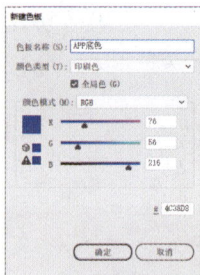
图4-12

图4-13

05 选择"矩形工具" ▭ ，绘制与画布同等大小的矩形作为App引导页的背景，如图4-14所示。

06 添加素材，输入文字，完成引导页的绘制，如图4-15所示。

图4-14

图4-15

4.4　实时上色

通过建立实时上色组，可以将选中的对象组合为一个整体，从而快速且精准地为指定区域执行上色操作。此外，利用实时上色组的编辑功能，能够对已完成的上色效果进行修改与调整。本节将详细介绍上述操作的具体方法。

4.4.1　创建实时上色组

选择对象，执行"对象"→"实时上色"→"建立"命令，即可创建实时上色组。单击"实时上色工具"按钮 🖐，在"色板"面板中选择颜色，并在实时上色组中指定区域，单击即可填色，如图 4-16 所示。

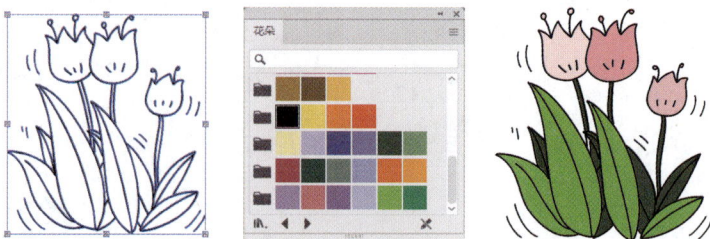
图4-16

4.4.2　编辑实时上色组

通过编辑实时上色组，可以为小鹿图形添加鼻子。选择"椭圆工具" ，绘制没有描边、没有填充的圆形。选择所有的图形，执行"对象"→"实时上色"→"合并"命令，将新绘制的圆形合并到实时上色组中。再利用"实时上色工具"，为圆形填充黑色，如图 4-17 所示。

图4-17

4.4.3　实战：填充App主界面插图颜色

本节介绍利用"实时上色工具"为插图填充颜色的方法，首先绘制插画线稿，再建立实时上色对象，最后选择颜色进行填充。具体的操作步骤如下。

01 导入"线稿.png"素材，如图4-18所示。

02 选择线稿，执行"对象"→"实时上色"→"建立"命令，创建实时上色对象，如图4-19所示。

03 在"色板"面板中创建色板，如图4-20所示，以便于为对象填充颜色。

04 在"色板"面板中选择颜色，单击"实时上色工具"按钮，选择屋顶，如图4-21所示。

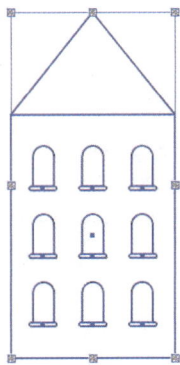
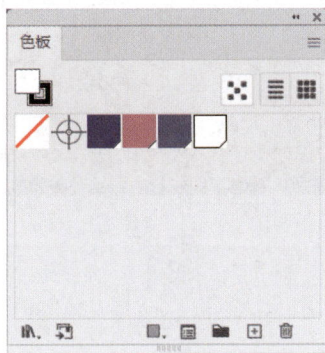
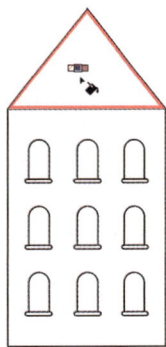

图4-18　　　　　　图4-19　　　　　　　　　图4-20　　　　　　　　图4-21

05 单击，为屋顶填充选定的颜色，如图4-22所示。

06 重复操作，继续为线稿填充颜色，如图4-23所示。

07 继续绘制线稿，并利用"实时上色工具"为其填充颜色，最终结果如图4-24所示。

08 执行"文件"→"新建"命令，弹出"新建文档"对话框，设置参数如图4-25所示。单击"创建"按钮，新建一个空白文档。

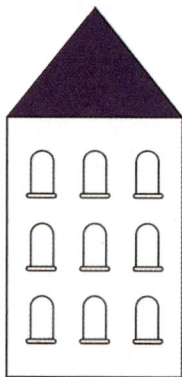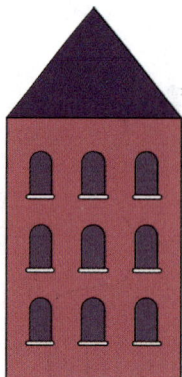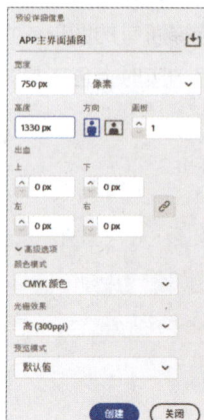

| 图4-22 | 图4-23 | 图4-24 | 图4-25 |

09 将绘制完毕的插画放置在画布的上方，如图4-26所示。

10 选择"矩形工具" ▣，绘制任意填充色的矩形。在矩形的底边中央添加一个锚点，向上移动底边左右的锚点，再对中间的锚点执行圆角操作，创建弧形底边，如图4-27所示。

11 选择插图和矩形，按快捷键Ctrl+7，创建剪切蒙版，如图4-28所示。

12 继续绘制App界面所需的图形，并输入文字，App主界面的绘制结果如图4-29所示。

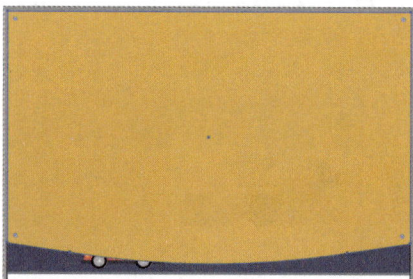

| 图4-26 | 图4-27 | 图4-28 | 图4-29 |

4.5 渐变填充

    为对象创建渐变填充时，用户能够自定义填充类型与填充颜色，并且可以自由修改已创建的渐变填充，以使其契合工作需求。网格渐变填充的灵活性更高，用户通过在对象上指定不同颜色的点，可以创建出绚丽多彩的填充效果。本节将介绍相关操作方法。

4.5.1　创建渐变填充

单击"渐变工具"按钮▓，或者按 G 键，都可以创建线性渐变、径向渐变或者任意形状渐变。

执行"窗口"→"渐变"命令，调出"渐变"面板。选择对象，按 G 键，在"渐变"面板中单击渐变类型按钮（如线性渐变▓），设置渐变颜色，即可为对象填充渐变，如图 4-30 所示。

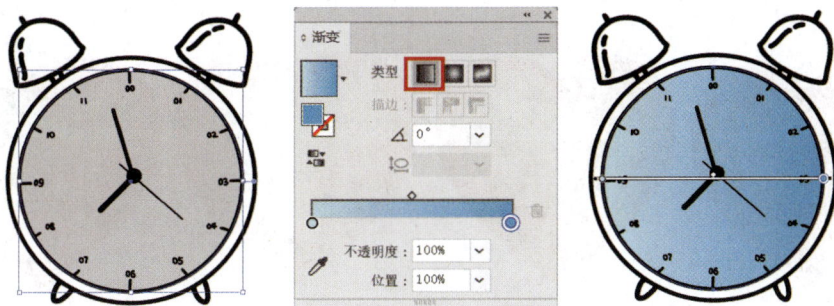

图4-30

在"渐变"面板中单击"径向渐变"按钮▓，以圆心为基点创建渐变填充，如图 4-31 所示。单击"任意形状渐变"按钮▓，将为对象创建任意形状的渐变填充，通过移动控制点调整渐变填充的效果，如图 4-32 所示。

图4-31　　　　　　　　　　图4-32

4.5.2　编辑渐变填充

进行渐变填充后，对象上会显示渐变条，通过移动渐变条上的控制点，可以调整渐变填充的效果。将鼠标指针置于渐变条右侧的蓝色控制点上，按住鼠标左键并拖动旋转渐变条，渐变填充的效果会随之改变。确定旋转角度后，再调整渐变条上的控制点，即可完成渐变填充的编辑操作，如图 4-33 所示。此外，用户还可以更改渐变填充的类型和颜色等。

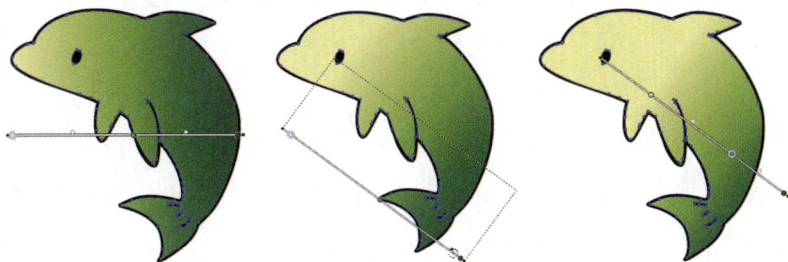

图4-33

4.5.3　网格渐变填充

选择对象，单击"网格工具"按钮 ，或按 U 键，在对象内部单击以添加网格点，如此便可将指定的填充颜色应用于网格点之间的区域，如图 4-34 所示。拖动网格点以改变其位置，填充颜色会随之发生变化。继续在对象内部单击，添加相同颜色或不同颜色的网格点，能使对象的颜色更丰富。在不更换工具的情况下，按住 Alt 键单击网格点即可将其删除，附着于该网格点的颜色也会随之删除。

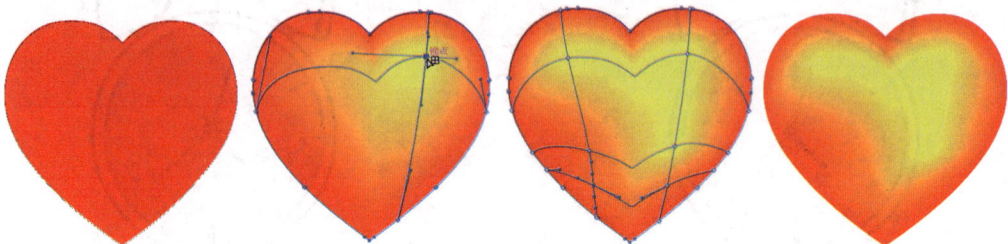

图4-34

4.5.4　实战：绘制App红包弹窗界面

本节介绍 App 红包弹窗界面的画法，利用"渐变工具" 为红包和按钮填充颜色，接着添加装饰素材，最后输入文字，即可完成界面的绘制。具体的操作步骤如下。

01 执行"文件"→"新建"命令，弹出"新建文档"对话框，设置参数如图4-35所示。单击"创建"按钮，新建一个空白文档。

02 导入"背景.png"素材，调整尺寸，使其与画布同等大小，如图4-36所示。

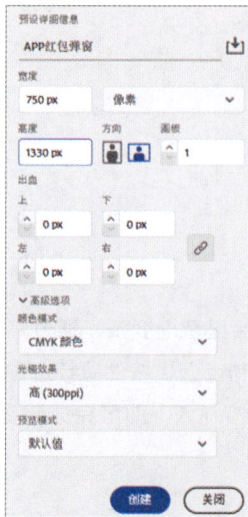

图4-35　　　　　　　　图4-36

03 选择"矩形工具" ，绘制与画布同等大小的黑色矩形。在"透明度"面板中修改"不透明度"值为80%，如图4-37所示。

04 选择"圆角矩形工具" ，在画布中绘制圆角矩形，在"渐变"面板中设置填充参数，如图4-38所示。

05 继续绘制圆角矩形，在"渐变"面板中修改填充参数，如图4-39所示。

06 重复上述操作，绘制圆角矩形，为其填充渐变色，如图4-40所示。

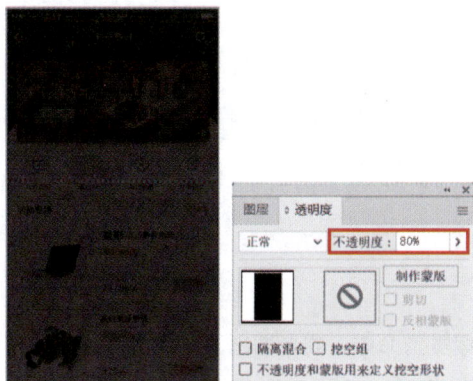

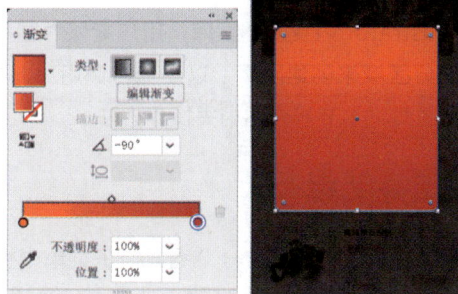

图4-37　　　　　　　　　　　　　　　　　　图4-38

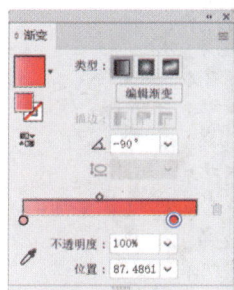

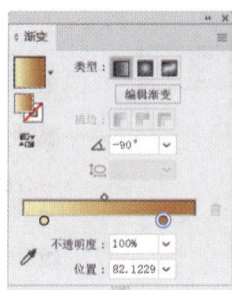

图4-39　　　　　　　　　　　　　　　　图4-40

07　选择圆角矩形，执行"效果"→"风格化"→"投影"命令，弹出"投影"对话框，设置参数如图4-41所示。单击"确定"按钮关闭对话框，为圆角矩形添加投影效果，如图4-42所示。

08　导入装饰素材，调整尺寸与位置，如图4-43所示。

09　选择"文字工具" **T**，输入文字信息，完成界面的绘制，最终效果如图4-44所示。

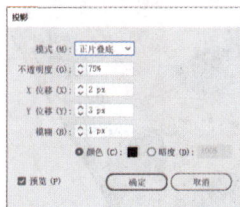

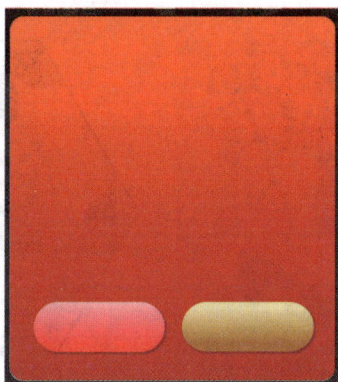

图4-41　　　　　　　图4-42　　　　　　　图4-43　　　　　　　图4-44

4.6 图案填充

借助 Illustrator 内置的图案库，用户能够为图稿填充类型多样的图案。同时，还可以导入外部图片，并选取图片的部分区域来创建图案，以便随时调用。此外，Illustrator 2025 具备生成图案的功能，可以在线生成指定类型的图案。本节将介绍相关操作方法。

4.6.1 填充图案

在"窗口"→"色板库"→"图案"子菜单中执行图案类型命令，或者调出"色板"面板，在该面板的左下角单击"色板库"按钮 ，在弹出的菜单中选择"图案"选项，如图 4-45 所示。例如选择"图案"→"自然"→"叶子"选项，调出"自然_叶子"面板，其中显示所有类型的叶子图案，如图 4-46 所示。选择图案，为对象填充图案，如图 4-47 所示。

图 4-45　　　　　　　　　　　图 4-46　　　　　　　　　　　图 4-47

4.6.2 制作图案

导入图片，执行"对象"→"图案"→"建立"命令，进入编辑模式，选择合适的区域。在"图案选项"面板中设置图案参数，在标题栏上单击"完成"按钮，即可结束制作图案的操作。制作完成的图案被保存在"色板"面板中，可以随时为对象填充图案，如图 4-48 所示。

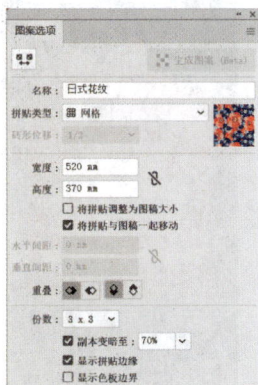

图 4-48

4.6.3　生成图案

执行"对象"→"图案"→"生成图案（Beta）"命令，或者在"图案选项"面板中单击"生成图案（Beta）"按钮，如图 4-49 所示，都可以调出"生成图案（Beta）"面板。

在"提示"文本框中输入提示词，如"向日葵图案"，如图 4-50 所示。单击"生成"按钮，弹出"正在生成"对话框，如图 4-51 所示，提示图案正在生成中。

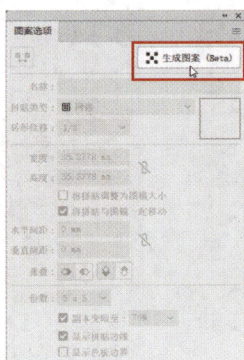

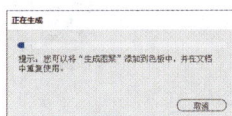

图4-49　　　　　　　　　　图4-50　　　　　　　　　　图4-51

稍等片刻，在"生成图案（Beta）"面板中显示生成图案的结果，如图 4-52 所示。如果不满意当前的生成结果，可以单击"生成"按钮再次生成，或者修改提示词后再生成。

在"色板"面板中显示生成的图案，如图 4-53 所示。创建对象，为对象填充由系统生成的图案，如图 4-54 所示。

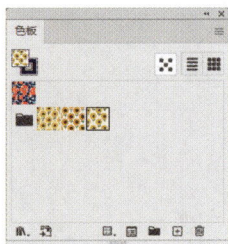
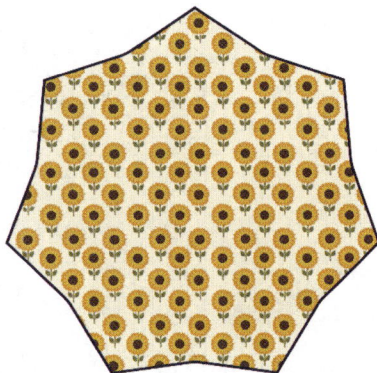

图4-52　　　　　　　　　　图4-53　　　　　　　　　　图4-54

4.6.4　实战：生成App闪屏页图案

本节介绍利用生成图案功能制作 App 闪屏页图案的方法。首先生成图案，再在图案的基础上执行编辑操作，接着添加素材，输入文字，即可完成页面的制作。具体的操作步骤如下。

01 执行"文件"→"新建"命令，弹出"新建文档"对话框，设置参数如图4-55所示。单击"创建"按钮，新建一个空白文档。

02 执行"对象"→"图案"→"生成图案"命令，调出"生成图案"面板，在"提示"文本框中输入提示词，单击"生成"按钮，稍等片刻即可生成图案。经过多次生成后，选择最后一次生成的三张图片中的一张，如图4-56所示。

03 选择"矩形工具" ▢，选择生成的图案，绘制与画布同等大小的矩形，如图4-57所示。

04 选择"椭圆工具" ⬭，绘制任意颜色的椭圆，如图4-58所示。

图4-55	图4-56	图4-57	图4-58

05 选择椭圆与填充图案的矩形，在"路径查找器"面板中单击"减去顶层"按钮 ▢，执行相减操作的结果如图4-59所示。

06 选择减去操作后的结果，执行"效果"→"风格化"→"羽化"命令，弹出"羽化"对话框，设置参数如图4-60所示。

07 单击"确定"按钮完成操作，扩大图形，使其超出画布范围，这样操作可以在导出最终结果时排除图形虚化的边缘，如图4-61所示。

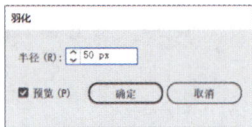

图4-59	图4-60	图4-61

08 选择"矩形工具" ▢，绘制填充色为黄色（#F9EEE4）的矩形，并放置在底层，作为背景色，如图4-62所示。

09 再次绘制矩形，填充生成的花朵图案。选择"椭圆工具" ⬭，绘制与花朵同等尺寸的圆形，如图4-63所示。

10 选择图案与圆形，按快捷键Ctrl+7创建剪切蒙版，如图4-64所示。

图4-62　　　　　　　　　　图4-63　　　　　　　　　　图4-64

11 选择操作结果，执行"效果"→"应用羽化"命令，对图形执行羽化操作。移动复制图形，并调整图形的角度与尺寸，使其随机分布在背景上，如图4-65所示。

12 导入"人物.png"素材，调整尺寸，放置在画布的下方，如图4-66所示。

13 输入文字，执行"文件"→"导出"→"导出为"命令，导出结果，App闪屏页的制作结果如图4-67所示。

图4-65　　　　　　　　　　图4-66　　　　　　　　　　图4-67

4.7　对象描边

为对象添加描边后，可以通过设置描边属性，让描边呈现出多种效果，以此丰富图稿的表现力。本节将介绍"描边"面板的使用方法以及设置描边属性的具体操作方式。

4.7.1　认识"描边"面板

执行"窗口"→"描边"命令，或者按快捷键 Ctrl+F10，都可以调出"描边"面板，如图 4-68 所示。单击该面板右上角的菜单按钮▤，在弹出的菜单中选择"显示选项"选项。在面板中展开参数选项，如图 4-69 所示。

在"描边"面板中可以设置描边粗细、端点以及边角的样式、设置虚线参数以及箭头样式、描边样式等。

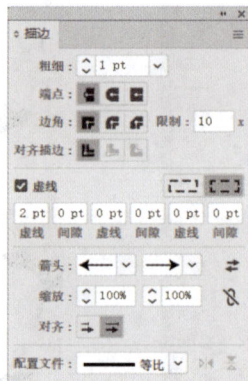

图4-68   图4-69

4.7.2 设置描边属性

选择对象，在控制栏中设置描边的颜色为红色，宽度为 10pt，如图 4-70 所示。在配置文件列表中选择描边样式，其他参数保持不变，修改描边属性的结果如图 4-71 所示。

图4-70   图4-71

在画笔定义列表中选择画笔类型，更改描边样式为毛笔笔刷的效果如图 4-72 所示。在"描边"面板中，选择箭头样式并设置"缩放"值，可以为描边添加箭头，如图 4-73 所示。

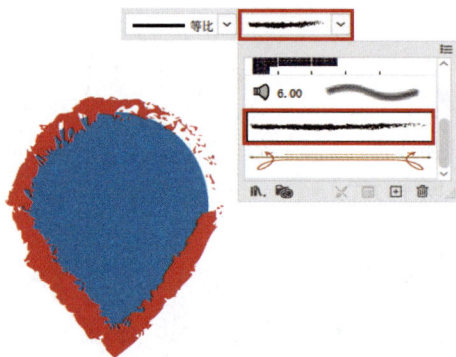

图4-72   图4-73

4.7.3　实战：在App导航界面中添加描边

本节介绍在 App 导航界面中为图形添加描边，新建文档后绘制圆角矩形，在"外观"面板中为矩形添加黑色描边，设置描边宽度，接着添加装饰素材，输入文字，完成界面的绘制。具体的操作步骤如下。

01 执行"文件"→"新建"命令，弹出"新建文档"对话框，设置参数如图4-74所示。单击"创建"按钮，新建一个空白文档。

02 选择"圆角矩形工具"，绘制粉红色（#FD789A）的圆角矩形，如图4-75所示。

03 重复上述操作，继续绘制蓝色（#44A8FB）、紫色（#987AFF）和橙色（#FE5F51）的圆角矩形，水平等距排列，如图4-76所示。

04 选择粉红色矩形，在"外观"面板中添加黑色描边，宽度为2pt，如图4-77所示。为粉红色圆角矩形添加黑色描边的结果如图4-78所示。

图4-74

图4-75

图4-76

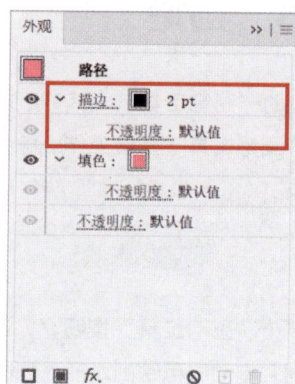
图4-77

05 重复上述操作，继续为其他圆角矩形添加描边，如图4-79所示。

06 选择"椭圆工具"，按住Shift键绘制白色圆形，如图4-80所示。

07 导入图标素材，放置在圆形中，如图4-81所示。

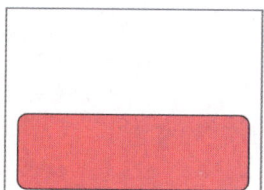
图4-78

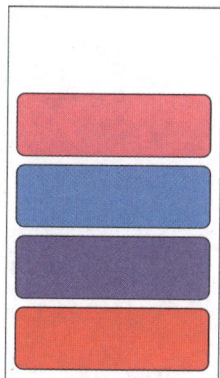
图4-79

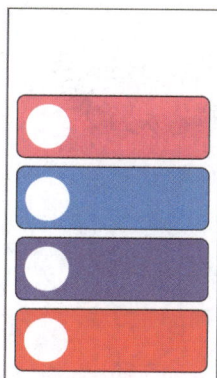
图4-80

图4-81

08 使用"星形工具" ☆ 和"圆角矩形工具" ▢，绘制并复制图形，如图4-82所示。

09 选择"文字工具" **T**，设置字体、字号以及颜色，输入文字，完成引导界面的绘制，如图4-83所示。

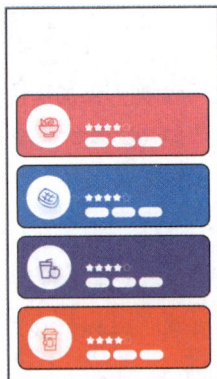

图4-82　　　　　　　　　图4-83

4.8　画笔

借助"画笔工具"，能够绘制各类图案，以满足设计需求。熟悉"画笔"面板的使用方法，可以更高效地运用"画笔工具"开展工作。除使用系统画笔库中的画笔外，用户还可以创建个性化画笔。本节将介绍相关操作方法。

4.8.1　"画笔工具"

单击"画笔工具"按钮 ✐，或者按 B 键，都可以调用"画笔工具"。在"画笔"面板中选择笔刷，按住鼠标左键并拖动即可绘制路径，如图 4-84 所示。如果要绘制闭合路径，在拖动鼠标指针的时候按住 Alt 键即可。

双击"画笔工具"按钮 ✐，弹出"画笔工具选项"对话框，如图 4-85 所示。在该对话框中设置"保真度"以及其他选项参数，单击"确定"按钮完成设置。单击"重置"按钮，撤销设置，可以恢复默认参数。

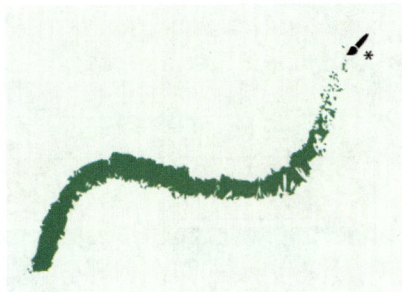

图4-84

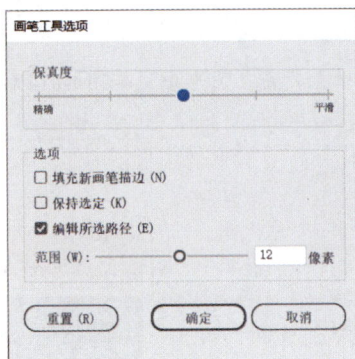

图4-85

4.8.2　"画笔"面板

执行"窗口"→"画笔"命令，或者按 F5 键，都可以调出"画笔"面板，如图 4-86 所示。在该面板中显示当前包含的画笔，单击即可调用。单击画板右上角的菜单按钮☰，在弹出的选项菜单中选择选项，执行相应的操作。

　　单击"画笔"面板左下角的"画笔库"按钮🖌，在弹出的菜单中显示画笔类型和具体的画笔选项，如图 4-87 所示，选择画笔选项即可调用相应画笔。

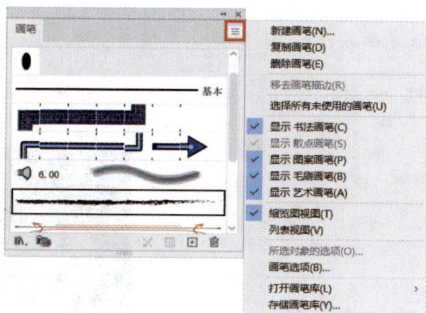

图4-86

图4-87

4.8.3　创建画笔

　　选择图案，如图 4-88 所示，在"画笔"面板中单击"新建画笔"按钮⊞，弹出"新建画笔"对话框。选择"图案画笔"单选按钮，如图 4-89 所示，单击"确定"按钮，弹出"图案画笔选项"对话框。在该对话框中设置画笔名称以及其他参数，如图 4-90 所示。在设置参数时，可以在左下角的预览窗口中实时查看设置效果。单击"确定"按钮，新建的图案画笔显示在"画笔"面板中，如图 4-91 所示。

图4-88

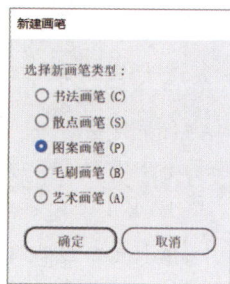

图4-89

　　选择"画笔工具"✒，选择桃花画笔绘制路径的结果如图 4-92 所示。

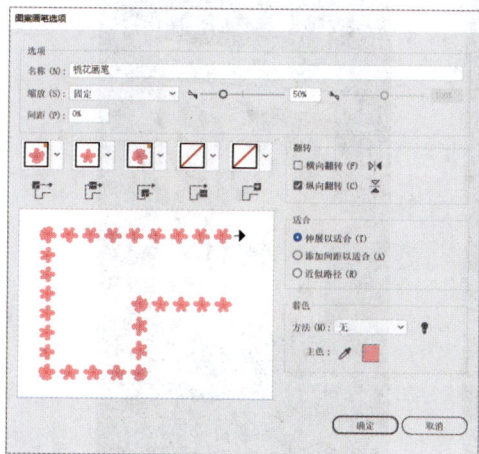

图4-90

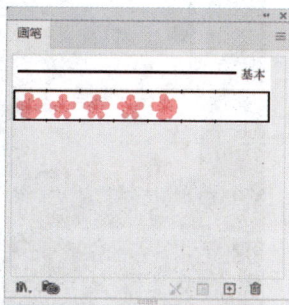

图4-91

图4-92

4.8.4 实战：在App界面中绘制装饰图案

本节将介绍在 App 界面弹窗中绘制装饰图案的方法。在画笔库中选中装饰画笔，随后便能在画面中创建出多种类型的装饰图案。具体的操作步骤如下。

01 打开"App界面.jpg"素材，如图4-93所示。

02 选择"矩形工具" ▣，绘制黑色矩形，在"透明度"面板中修改"不透明度"值为88%，如图4-94所示。

03 打开"弹窗.png"素材，调整尺寸，并放置在画面中间，如图4-95所示。

图4-93 　　　　　　　　　图4-94 　　　　　　　　　图4-95

04 执行"窗口"→"画笔"命令，调出"画笔"面板。单击该面板左下角的"面板库"按钮 ▮▪，在弹出的菜单中选择"装饰"→"装饰_散布"选项，调出"装饰_散布"面板，选择黄色五角星图案，如图4-96所示。

05 选择"画笔工具" ✏，设置合适的描边尺寸，在画面中绘制图案，如图4-97所示。

06 继续在"装饰_散布"面板中选择图案，在画面中合适的位置单击，绘制装饰图案的结果如图4-98所示。

图4-96 　　　　　　　　　图4-97 　　　　　　　　　图4-98

4.9　课后习题：制作App登录界面

本节介绍 App 登录界面的绘制方法，首先创建渐变背景，并在此基础上添加装饰图形、输入文字，即可完成登录界面的绘制。具体的操作步骤如下。

01 执行"文件"→"新建"命令，弹出"新建文档"对话框，设置参数如图4-99所示。单击"创建"按钮，新建一个空白文档。

02 选择"矩形工具" ▣，在"渐变"面板中设置填充参数，绘制与画布同等大小的矩形，如图4-100所示。

图4-99

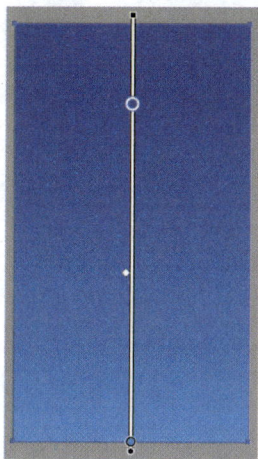
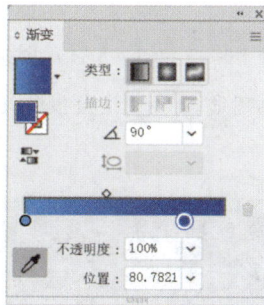

图4-100

03 选择"椭圆工具" ◯，按住Shift键，绘制深蓝色（#385BD6）的圆形，如图4-101所示。

04 重复上述操作，绘制填充色为浅蓝色（#2AA3F4）的圆形，更改"不透明度"值为40%，如图4-102所示。

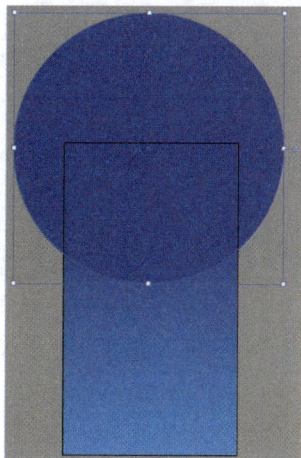

图4-101

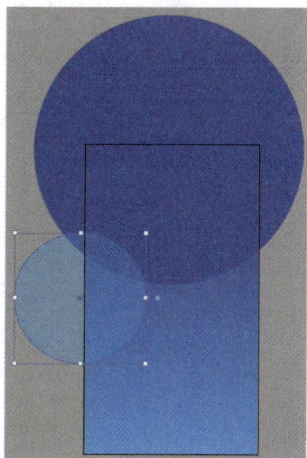

图4-102

05 继续绘制圆形，在"渐变"面板中设置填充颜色，并将圆形放置在画布的右下角，如图4-103所示。

06 在"透明度"面板中更改圆形的"不透明度"值为54%，如图4-104所示。

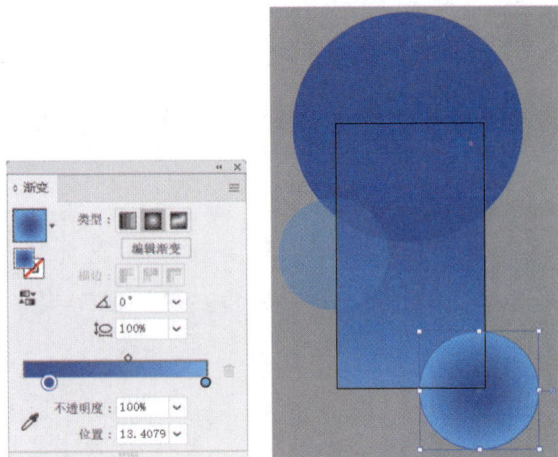

图4-103

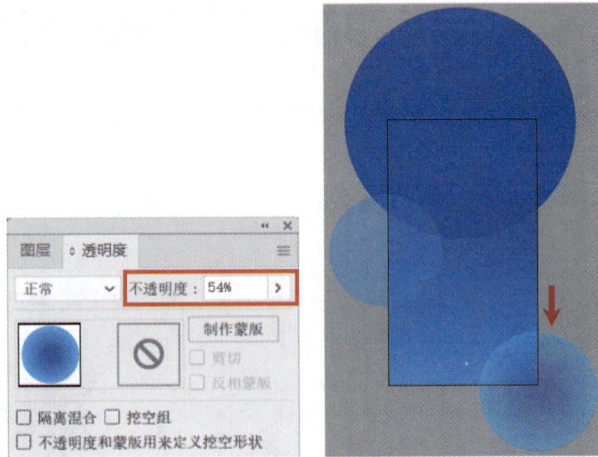

图4-104

07 导入 "扁平插画.png" 素材，调整尺寸，将其放置在画布的上方，如图4-105所示。

08 选择 "椭圆工具" ⬤，按住Shift键绘制圆形，在 "外观" 面板中设置描边颜色与描边宽度，如图4-106所示。

图4-105

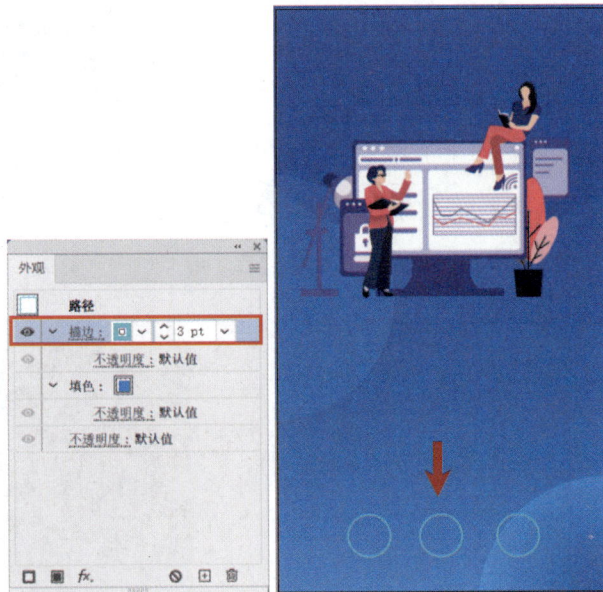

图4-106

09 导入图标素材，调整尺寸，放置在圆形中间，如图4-107所示。

10 选择 "矩形工具" ▢ 绘制矩形，为矩形填充渐变色。选择 "文字工具" **T**，输入文字。最后选择 "直线段工具" ✏，绘制白色线段，如图4-108所示。

11 执行 "窗口" → "画笔" 命令，调出 "画笔" 面板。单击该面板左下角的 "画笔库" 按钮 ▥，在弹出的菜单中选择 "装饰" → "装饰_散布" 选项，调出 "装饰_散布" 面板，选择合适的图案，在画布中绘制装饰图案，完成登录界面的绘制，如图4-109所示。

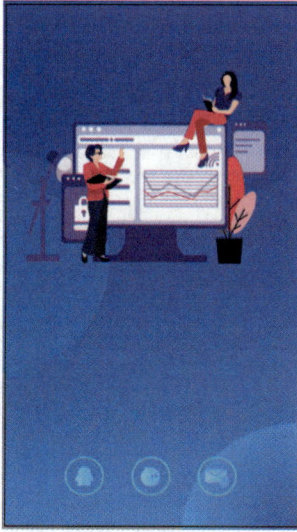

图4-107

图4-108

图4-109

第 5 章

文字设计：创建与编辑文字对象

文字在设计图稿中承担着传达信息、丰富画面表现形式等重要功能。本章将介绍创建与编辑文字的方法，具体涵盖设置文字样式、创建文字，以及添加制表符、修饰文本等内容。

5.1　什么是文字设计

文字的核心功能在于向受众传达作者的意图及各类信息，故在设计过程中，务必考量文字的整体诉求效果，以给人留下清晰明了的视觉印象，应该规避出现繁杂零乱的状况，确保文字易于辨认、理解。切不可为了追求设计感而设计出变形夸张、令人难以识别的文字。如图 5-1 所示，为文字设计的效果呈现。

图5-1

5.2　Illustrator 2025在文字设计中的应用

在设计图稿中，文字发挥着传达信息、辅助图形表达的重要作用，是设计工作的关键内容。Illustrator 提供的创建与编辑文字的工具，为文字设计工作带来了极大便利。创建文字的方式丰富多样，例如区域文字、路径文字以及直排文字等，能够满足不同的设计需求。通过设置字符与段落样式，可以批量创建属性相同的文本。

本章通过多个实例，如创建电商促销首页文字、制作公众号封面文字以及串接画册内页文本等，详细介绍创建与编辑文字的方法。

5.3　创建文字

在设计图稿中，文字兼具传达信息与装饰版面的双重作用。Illustrator 提供了多种输入文字的方式，如区域文字、路径文字以及直排文字等，可以充分满足不同的设计需求。

不仅如此，用户还能对单个文字进行独立编辑，修改其样式、角度等属性。本节将详细介绍相关的操作方法。

5.3.1　文字工具

单击"文字工具"按钮**T**右下角的黑色三角形，在弹出的列表中显示各种文字工具，如图5-2所示。选择"文字工具"**T**，在画布中单击，输入横排文字如图5-3所示。

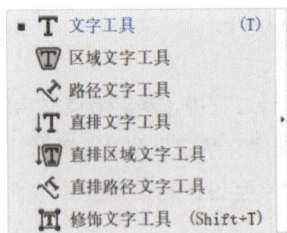

图5-2　　　　　　　　　　　　　　　　　图5-3

先绘制形状路径，再选择"区域文字工具"，单击形状路径，使其转换成文本框，接着输入文字，如图5-4所示。

绘制一段路径，选择"路径文字工具"，选择路径并输入文字，如图5-5所示。

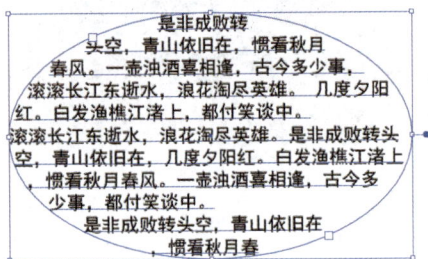

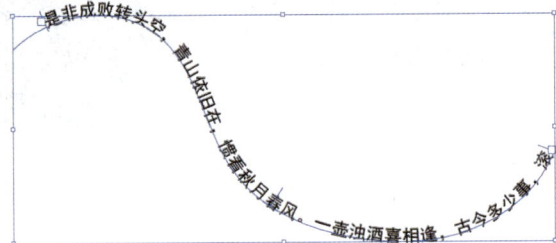

图5-4　　　　　　　　　　　　　　　　　图5-5

选择"直排文字工具"**|T**，在画布的空白位置单击并输入文字，如图5-6所示。

绘制形状路径，选择"直排区域文字工具"，选择形状路径使其转换为文本框，输入直排文本的效果如图5-7所示。

绘制开放路径，选择"直排路径文字工具"，单击路径并输入文字，如图5-8所示。

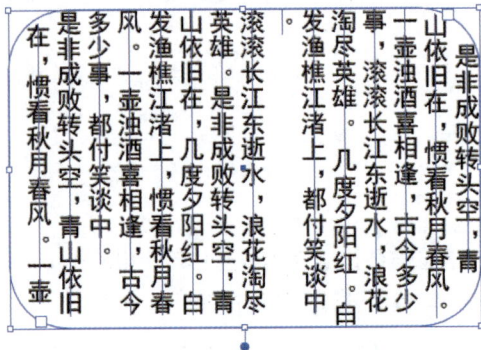

图5-6　　　　　　　　　　图5-7　　　　　　　　　　图5-8

选择"修饰文字工具"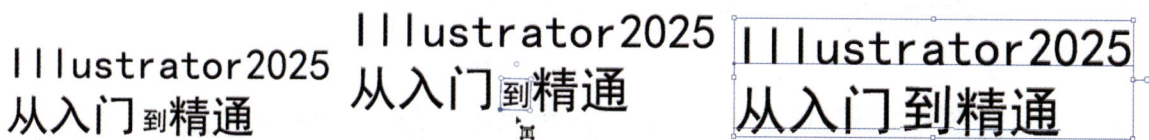，单击需要修改的文本，如选择"到"字，此时显示文本边界框。在"字符"面板中可以修改文本的样式，例如修改字高，如图 5-9 所示。此外，激活边界框的角点，可以缩放、旋转文本。

图5-9

5.3.2　实战：创建电商促销Banner文字

本节介绍创建电商促销 Banner 文字的方法，选择"文字工具" **T**，设置参数后在画布中单击，进入编辑模式，输入文字即可。具体的操作步骤如下。

01　执行"文件"→"新建"命令，弹出"新建文档"对话框，设置参数如图5-10所示。单击"创建"按钮，新建一个空白文档。

02　导入"背景.png"素材，调整尺寸，使其与画布同等大小，如图5-11所示。

图5-10　　　　　　　　　图5-11

03　选择"文字工具" **T**，在"字符"面板中选择字体，设置字号及其他参数，如图5-12所示。

04　单击前景色色块，在弹出的"拾色器"对话框中选择白色，如图5-13所示。

05　在"图层"面板中单击"创建新图层"按钮 ⊞，新建一个图层并命名为"文字"，如图5-14所示。

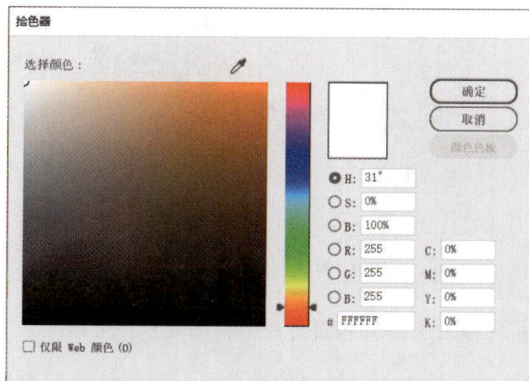

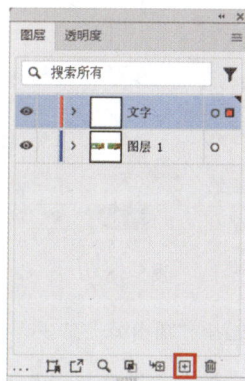

图5-12　　　　　　　　　　　　图5-13　　　　　　　　　　　　图5-14

06 在画布的左侧单击，并输入文字，如图5-15所示。

07 重复上述操作，更改字号、颜色，继续输入文字，如图5-16所示。

08 选择"矩形工具" ▢，在"限时满199减50元"文字下方绘制浅绿色（#F4FEE5）的矩形，最终结果如图5-17所示。

图5-15　　　　　　　　　　图5-16　　　　　　　　　　图5-17

5.3.3　实战：创建H5长图文字

本节介绍春季招聘会 H5 长图的绘制方法，利用"区域文字工具"输入文字，可以轻松地在指定区域内创建描述文字。具体的操作步骤如下。

01 执行"文件"→"新建"命令，弹出"新建文档"对话框，设置参数如图5-18所示。单击"创建"按钮，新建一个空白文档。

02 导入"背景.png"素材，调整尺寸，使其与画布同等大小，如图5-19所示。

03 选择"圆角矩形工具" ▢，绘制青色（#39CB86）的圆角矩形，如图5-20所示。

04 导入"网格.png"素材，并调整尺寸，使其略大于青色圆角矩形，如图5-21所示。

   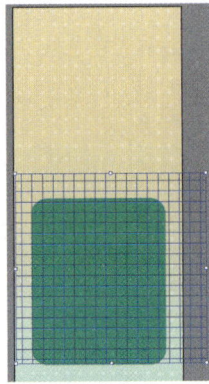

图5-18　　　　　　　图5-19　　　　　　　图5-20　　　　　　　图5-21

05 选择"圆角矩形工具" ▢，在网格上绘制白色圆角矩形，如图5-22所示。

06 选择白色圆角矩形与网格，按快捷键Ctrl+7创建剪切蒙版，使网格限制在白色圆角矩形的范围内，如图5-23所示。

07 选择"矩形工具"，绘制黑色矩形，作为创建文字的区域，如图5-24所示。

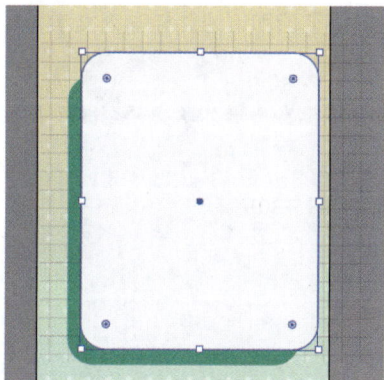
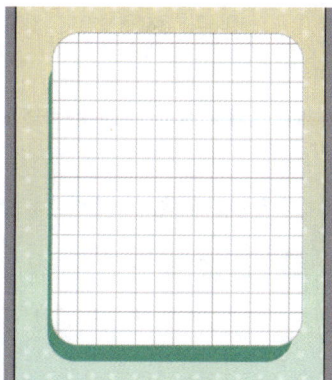
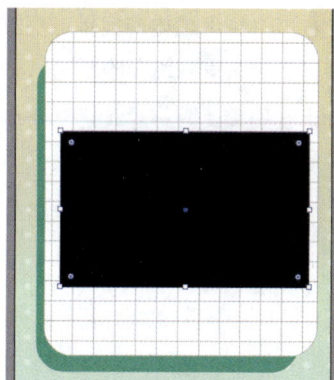

图5-22　　　　　　　　　　图5-23　　　　　　　　　　图5-24

08 选择"区域文字工具"，单击在上一步中绘制的黑色矩形，进入编辑模式并输入文字，调整字号与行距，如图5-25所示。

09 选择"圆角矩形工具"，分别绘制青色（#39CB86）和黄色（#FFC100）的矩形，如图5-26所示。

10 选择"文字工具"，继续输入岗位信息文字，如图5-27所示。

11 重复上述操作，输入岗位描述信息文字，导入装饰素材，完成H5长图的绘制，如图5-28所示。

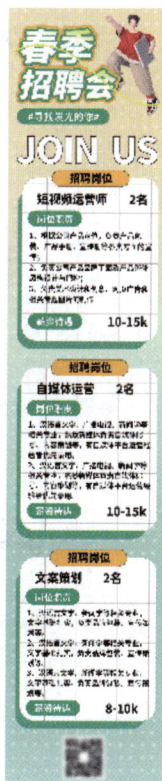

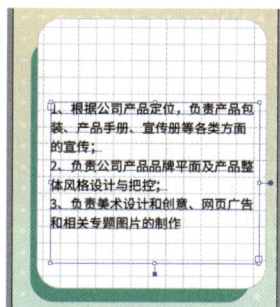
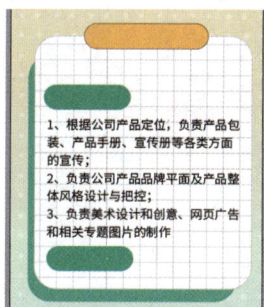

图5-25　　　　　　　图5-26　　　　　　　图5-27　　　　　　　图5-28

5.3.4 实战：创建电商促销首页文字

本节介绍创建电商促销首页文字的方法，利用"路径文字工具"，选择路径后即可沿路径输入文字，文字的排列效果会受到路径的影响。具体的操作步骤如下。

01 执行"文件"→"新建"命令，弹出"创建文档"对话框，设置参数如图5-29所示。单击"创建"按钮，新建一个空白文档。

02 选择"矩形工具" ▢，绘制与画布同等大小的蓝色（#75D3F4）矩形，如图5-30所示。

03 导入"装饰.png"素材，放置在画布的下方，如图5-31所示。

04 导入"立体字.png"素材，调整尺寸，放置在画布的上方，如图5-32所示。

图5-29 图5-30 图5-31 图5-32

05 导入"丝带.png"素材，放置在立体字的下方，如图5-33所示。

06 选择"钢笔工具" ✎，参考丝带的外观绘制黑色路径，如图5-34所示。

图5-33 图5-34

07 选择"路径文字工具" ⤴，将鼠标指针放置在路径上，如图5-35所示，单击即可开始输入文字。

08 在"字符"面板中选择字体，设置字号及其他参数，如图5-36所示。沿路径输入文字的结果如图5-37所示。创建路径文字的结果如图5-38所示。

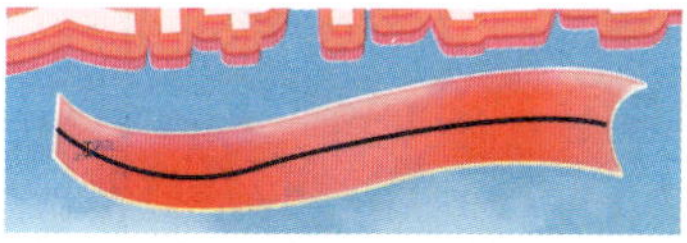

图5-35 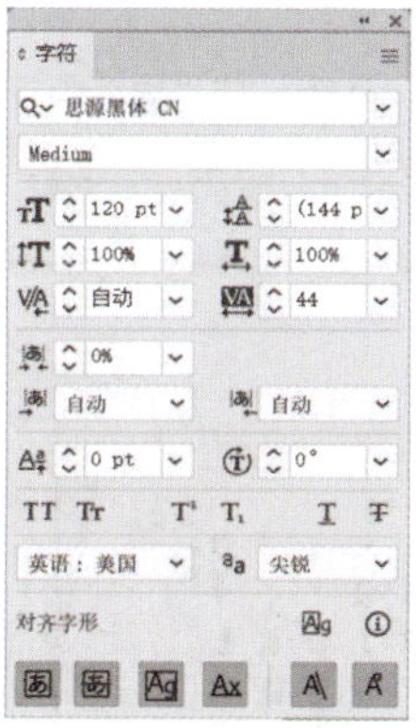　　　　　　　图5-36 　　　　　　　图5-37 　　　　　　　图5-38

5.4　设置文本格式

通过对文本设置格式，能够让文本按照指定的样式呈现，从而契合设计需求。文本属性涵盖字体、字号、行距以及字符间距等。此外，借助特殊字符，还能为文本增添个性化元素。本节将介绍具体的操作方法。

5.4.1　设置字符格式

执行"窗口"→"文字"→"字符"命令，调出"字符"面板，如图 5-39 所示。在该面板中显示字符格式的默认参数，包括字体、字号、字符间距以及行距等。单击"字符"面板右上角的菜单按钮 ≡，在弹出的菜单中选择相应选项，对字符格式进行详细设置。

在面板菜单中选择"显示选项"选项，在"字符"面板中显示隐藏的选项参数，如图 5-40 所示。可以在选项列表中选择参数，例如在"字体"下拉列表中选择字体选项，也可以直接输入参数，重定义字符的格式。

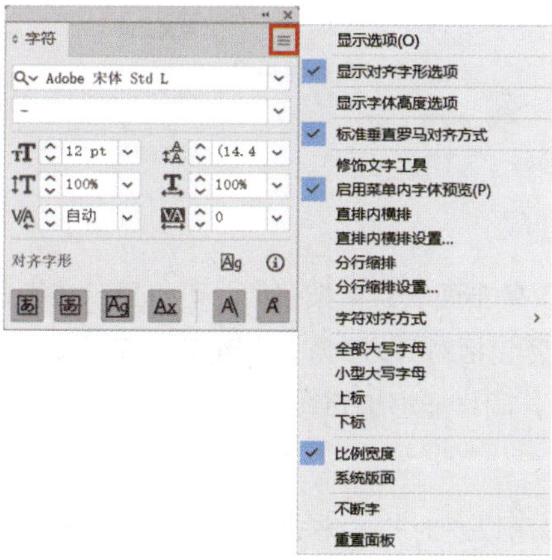

图5-39 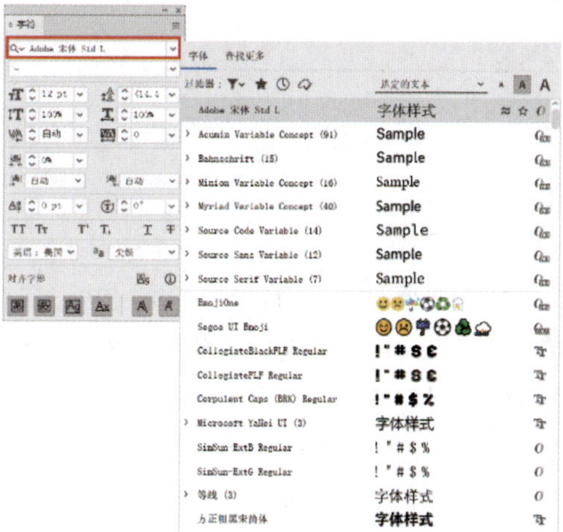　　　　　　　　　　　　　　　　　图5-40

5.4.2　认识特殊字符

执行"窗口"→"文字"→"字形"命令，调出"字形"面板。在"显示"下拉列表中选择"完整字体"选项，在下方窗口中选择合适的字符，双击即可插入字符，如图 5-41 所示。"字形"面板的左下角为字体下拉列表，在其中选择字体，窗口中的字符随之发生改变。

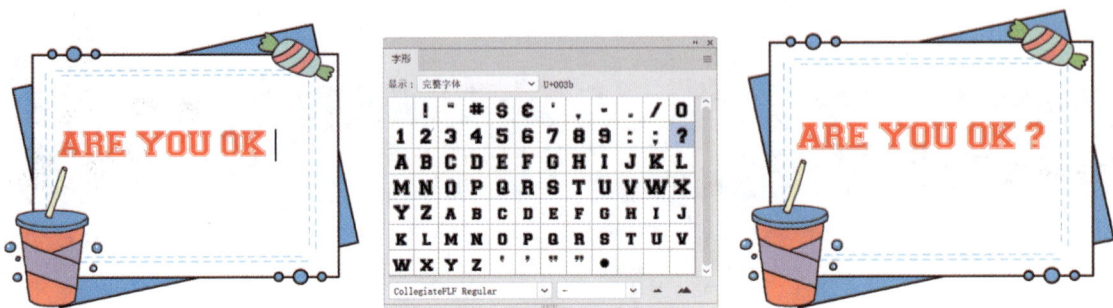

图 5-41

OpenType 字体在 Windows 与 macOS 操作系统中都能被识别，使用该字体的文件可以在两个操作系统中正常显示，不会出现由于格式错误导致的无法识别文本的情况。

执行"窗口"→"文字"→ OpenType（O）命令，调出 OpenType 面板。选择 OpenType 字体的文本，在该面板中单击相应按钮，对文本执行操作，如创建文体替代字、序数字以及分数字等，如图 5-42 所示。

图 5-42

5.4.3　设置段落格式

执行"窗口"→"文字"→"段落"命令，调出"段落"面板，单击面板菜单按钮≡，可以显示该面板的菜单，如图 5-43 所示。在该面板中，可对段落格式进行设置，具体内容包括对齐方式、添加编号、缩进量、段间距等。单击面板右上角的菜单按钮≡，在弹出的菜单中选择相应选项，同样能够编辑段落格式。选中段落后，在该面板中修改参数，即可实时查看修改结果。

选择段落，在"段落"面板中单击"左对齐"按钮≡，段落以左对齐的方式编排字符。单击"居中对齐"按钮≡，则以居中对齐的方式显示排版结果，如图 5-44 所示。其他对齐方式请自行设置并查看结果。

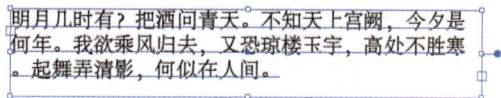

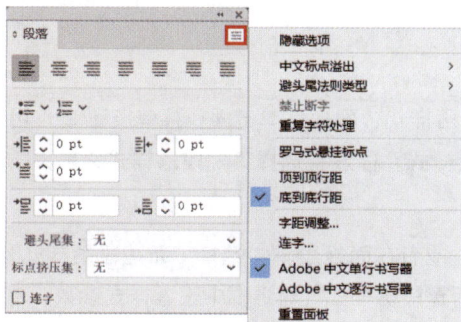

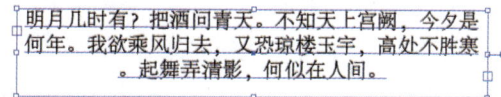

图5-43　　　　　　　　　　　　　　　图5-44

5.5　设置文本样式

设置文本样式主要涵盖字符样式与段落样式。完成样式设置后，能够迅速让字符或段落以特定样式呈现，从而避免重复设置样式参数的烦琐工作。此外，还可以将选定的样式添加至样式库，以便随时调用。本节将详细介绍相关操作方法。

5.5.1　字符样式

执行"窗口"→"文字"→"字符样式"命令，调出"字符样式"面板，单击面板菜单按钮▤，可以显示该面板的菜单，如图 5-45 所示。"正常字符样式"为默认样式，可以在此基础上进行修改样式参数、新建样式等操作。单击面板右下角的"创建新样式"按钮⊞，或者在面板菜单中选择"新建字符样式"选项，都可以弹出"新建字符样式"对话框，如图 5-46 所示。

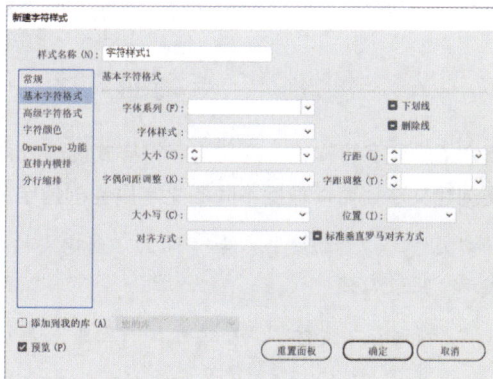

图5-45　　　　　　　　　　　　　　　图5-46

在"新建字符样式"对话框中设置样式名称及各项样式参数，单击"确定"按钮即可新建样式。新样式显示在"字符"面板中，选择字符，再选择样式即可。

单击"字符"面板左下角的"将选定样式添加到我的当前库"按钮🔲，即可将样式存储入库，并在"库"面板中显示添加结果。

5.5.2　段落样式

执行"窗口"→"文字"→"段落样式"命令，调出"段落样式"面板，单击面板菜单按钮☰，可以显示该面板的菜单，如图 5-47 所示。"正常段落样式"为系统默认样式，在没有选择其他段落样式之前，所创建的段落文本都以默认样式显示。

单击"段落样式"面板右下角的"创建新样式"按钮⊞，或者在面板菜单中选择"新建段落样式"选项，都可以弹出"新建段落样式"对话框，如图 5-48 所示。在"新建段落样式"对话框中设置样式参数，单击"确定"按钮即可新建样式。单击"重置面板"按钮，恢复默认的样式参数。

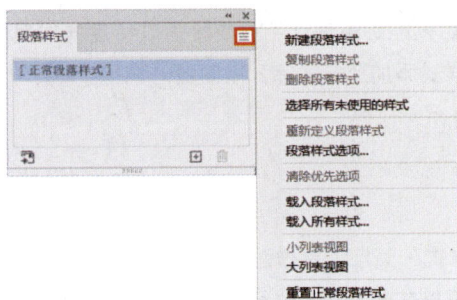

图5-47

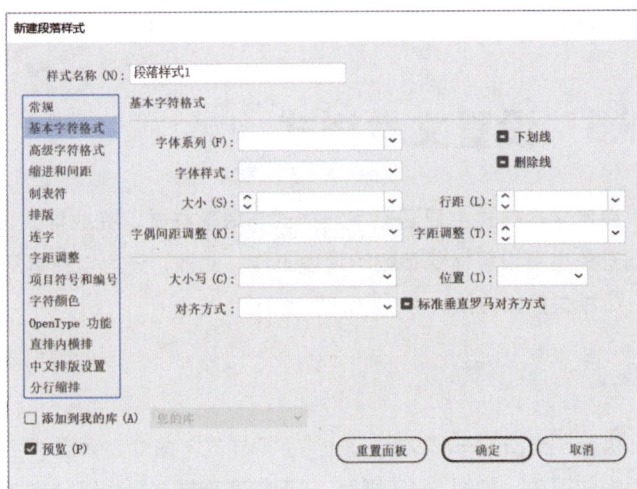

图5-48

单击"段落样式"面板左下角的"将选定样式添加到我的当前库"按钮🔲，将新建的段落样式存储入库。执行"窗口"→"库"命令，调出"库"面板，查看新入库的段落样式。

5.5.3　实战：创建公众号封面文字

本节介绍新建字符样式，并利用字符样式创建公众号封面文字的方法。公众号封面有两种字体，三种字号，为了方便创建文字，可以根据不同的文字属性创建字符样式。具体的操作步骤如下。

01 执行"文件"→"新建"命令，弹出"创建文档"对话框，设置参数如图5-49所示。单击"创建"按钮，新建一个空白文档。

02 导入"背景.png"素材，调整尺寸，与画布同等大小，如图5-50所示。

03 执行"窗口"→"文字"→"字符样式"命令，调出"字符样式"面板。单击该面板下方的"创建新样式"按钮⊞，弹出"新建字符样式"对话框，设置样式名称为"公众号封面文字"，如图5-51所示。

04 在左侧的列表中选择"基本字符格式"选项，在右侧的选项区域中设置字体系列、大小及字距调整等参数，如图5-52所示。

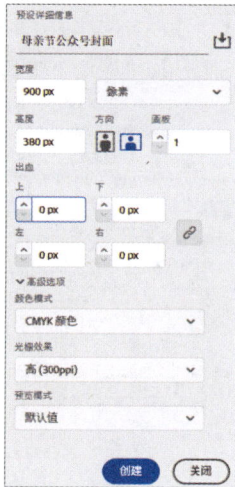

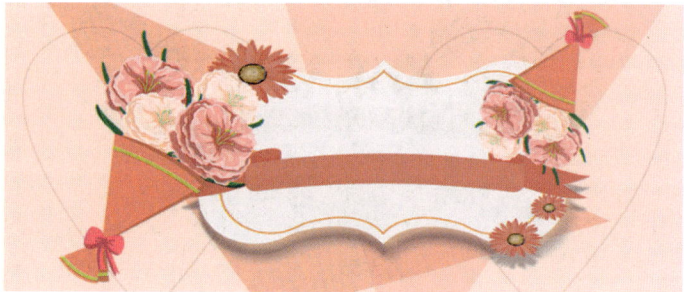

图5-49　　　　　　　　　　　　　　　　　　图5-50

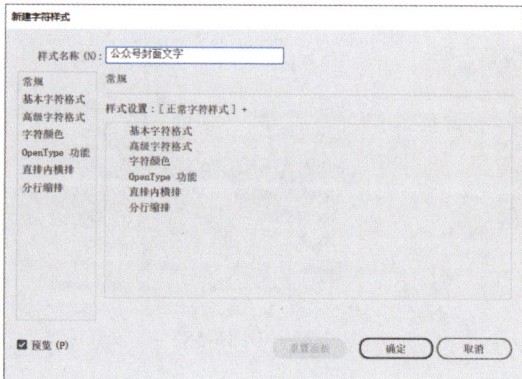

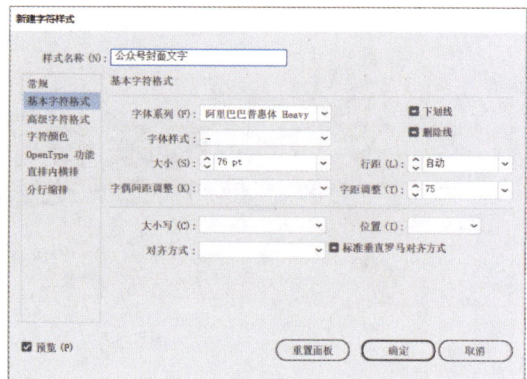

图5-51　　　　　　　　　　　　　　　　　　图5-52

05 选择"字符颜色"选项，在字符颜色列表中选择颜色，如图5-53所示。

06 单击"确定"按钮关闭对话框，在"字符样式"面板中显示新建字符样式的结果，如图5-54所示。

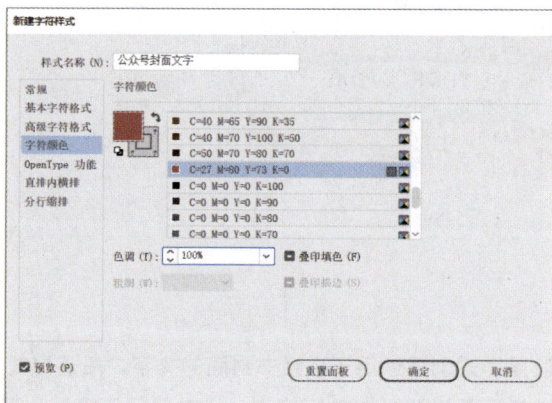

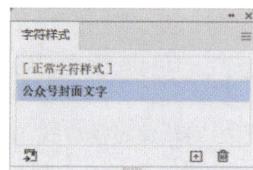

图5-53　　　　　　　　　　　　　　　　　　图5-54

07 选择"文字工具" **T**，输入"母亲节"，并调整文字的位置，如图5-55所示。

08 选择文字，单击控制面板上的"制作封套"按钮，弹出"变形选项"对话框。在"样式"下拉列表中选择"弧形"选项，并设置"弯曲"值，如图5-56所示。

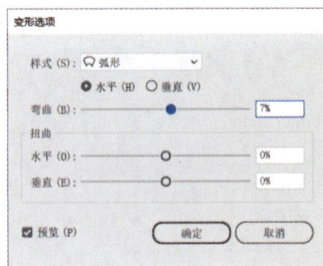

图5-55   图5-56

09 单击"确定"按钮关闭对话框，为文字创建变形效果，如图5-57所示。

10 在"字符"面板中继续新建字符样式，设置名称为"封面丝带文字""封面英文"，如图5-58所示。

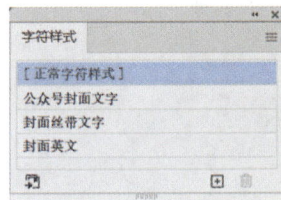

图5-57   图5-58

11 选择"文字工具" **T** 输入文字，并为文字添加"弧形"变形效果，最终结果如图5-59所示。

图5-59

5.5.4 实战：创建小红书封面文字

　　本节将介绍如何新建段落样式，并基于该段落样式创建适用于小红书封面的文字。段落样式所涵盖的内容包括字符格式（如字体、字号、加粗等）、缩进与间距设置（如首行缩进、段前段后距等）以及字符颜色等，可以根据实际需求进行相应设置。具体的操作步骤如下。

01 执行"文件"→"新建"命令，弹出"新建文档"对话框，设置参数如图5-60所示。单击"创建"按钮，新建一个空白文档。

02 导入"背景.png"素材并调整尺寸，使素材尺寸与画布尺寸相同，如图5-61所示。

03 选择"圆角矩形工具" 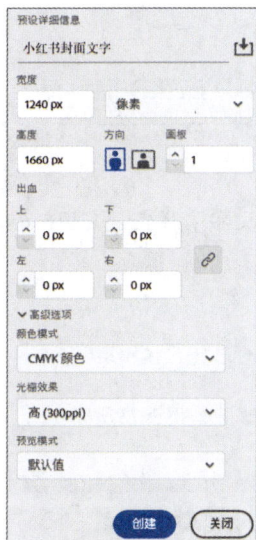，绘制填充色为白色，描边为黑色的圆角矩形，如图5-62所示。

04 参考前文所学的知识，新建字符样式，并使用"文字工具" **T** 输入文字，如图5-63所示。

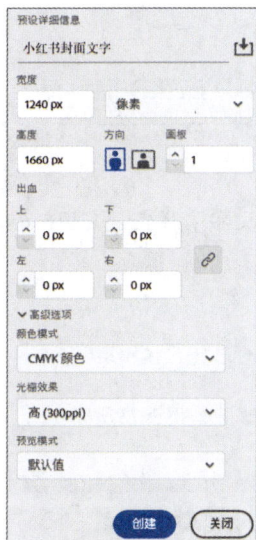

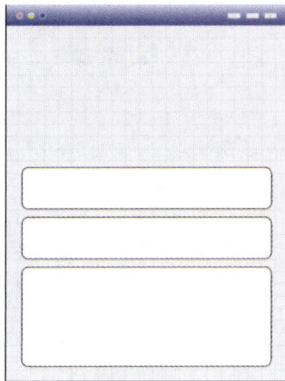
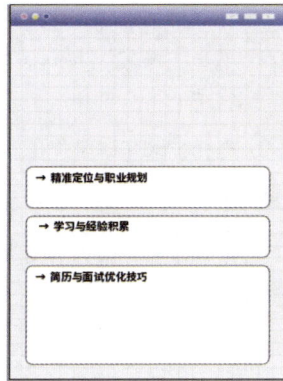

图5-60　　　　　　　　图5-61　　　　　　　　图5-62　　　　　　　　图5-63

05 执行"窗口"→"文字"→"段落样式"命令，调出"新建段落样式"面板。在该面板的下方单击"创建新样式"按钮 ⊞，弹出"新建段落样式"对话框。在其中设置样式名称为"小红书封面文字"，如图5-64所示。

06 在左侧的列表中选择"基本字符格式"选项，设置字体系列、大小以及行距等参数，如图5-65所示。

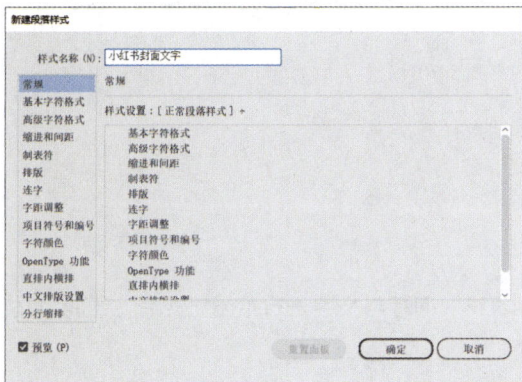
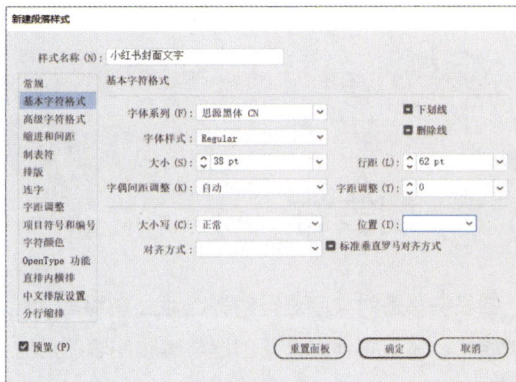

图5-64　　　　　　　　　　　　　　　　图5-65

07 选择"缩进和间距"选项，设置对齐方式为"左"，如图5-66所示。

08 选择"字符颜色"选项，设置字符颜色为套版色，如图5-67所示。

图5-66

图5-67

09 单击"确定"按钮关闭对话框，在"段落样式"面板中显示新建的"小红书封面文字"样式，如图5-68 所示。

10 选择"文字工具" ，输入段落文字，如图5-69所示。

11 重复上述操作，继续输入文字，如图5-70所示。

12 导入素材，输入标题文字，调整文字的颜色与字号，完成小红书封面的制作，最终结果如图5-71所示。

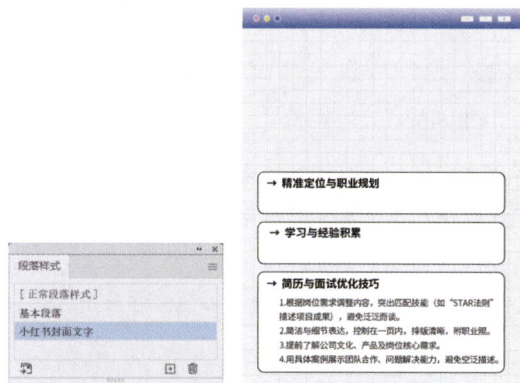

图5-68

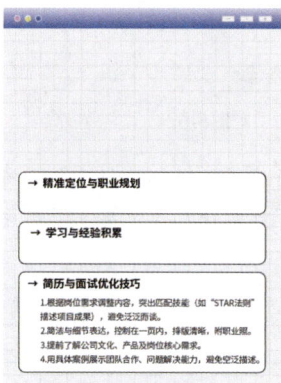

图5-69

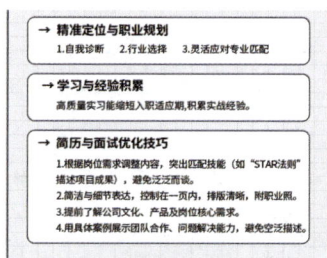

图5-70

图5-71

5.6　制表符

制表符具备对文字进行对齐、添加前缀等功能。将"制表符"面板与文字进行恰当对齐后，便能为文字添加制表符。本节将详细介绍创建与编辑制表符的方法。

5.6.1　创建制表符

执行"窗口"→"文字"→"制表符"命令，调出"制表符"面板。单击该面板右侧的"将面板置于文本上方"按钮 ，使面板紧贴在文本框上方。将鼠标指针定位在文本的开头，单击"右对齐制表符"按钮 ，并输入距离，按 Enter 键，文本向右缩进指定的距离，如图 5-72 所示。使用同样的方法，设置文本左对齐、居中对齐的效果。

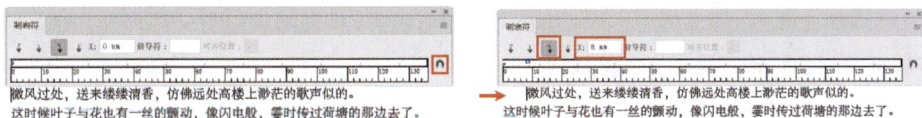

图5-72

5.6.2　编辑制表符

单击"制表符"面板右上角的菜单按钮 ▤，在弹出的菜单中显示编辑制表符的选项，如图 5-73 所示。选择"清除全部制表符"选项，将删除所有的制表符。在制表尺上选择一个制表符，将其拖至制表尺之外，或者在面板菜单中选择"删除制表符"选项，都可以删除选中的制表符。选择"重复制表符"选项，根据当前的设置创建多个制表符。选择"对齐单位"选项，将制表符限制在制表尺的刻度上。

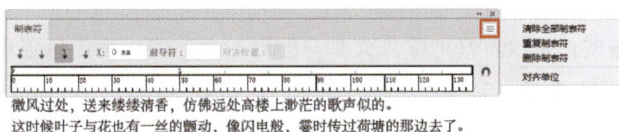

图5-73

5.7　修饰文本

将文本转换为路径后，能够修改文本的外观形态，但文本内容保持不变。在编辑图文对象的过程中，若要使文本呈现更理想的视觉效果，可以对文本的显示方式进行调整。本节将详细介绍相关操作方法。

5.7.1　将文本转换为路径

选择文本，执行"文字"→"创建轮廓"命令，将文本转换为路径，转换为路径的文本自动被编组。选择文本并右击，在弹出的快捷菜单中选择"取消编组"选项。单击选择单个文本，单独调整尺寸与位置，使其符合设计需求，如图 5-74 所示。因为转换为路径的文本无法修改内容、字体，所以在执行转换前先设置文本属性，以方便后续编辑。

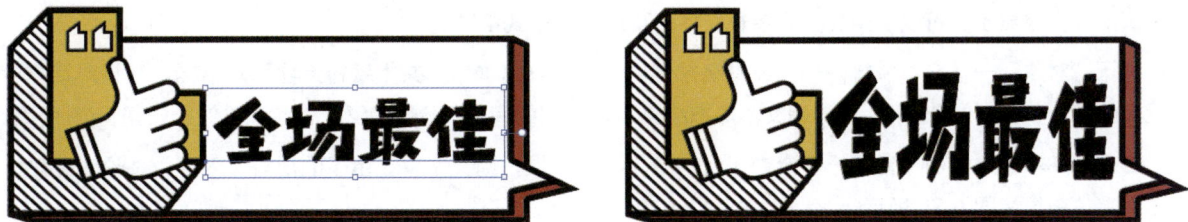

图5-74

5.7.2　填充文本

选择文本，修改填充颜色，添加描边，再添加装饰图形与线条，编辑结果如图5-75所示。除直接填充颜色外，还可以为文本填充渐变色，使其呈现绚丽的效果。

图5-75

5.7.3　调整文本的显示方式

通过调整文本的显示方式，可以更好地编排文本与图形对象，使版面信息更直观。选择文本，执行"文字"→"文字方向"→"水平"命令，文本以水平方向排列，如图5-76所示。选择文本，执行"文字"→"文字方向"→"垂直"命令，文本以垂直方向排列，如图5-77所示。

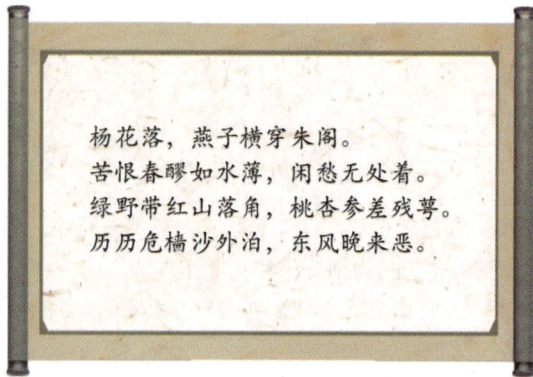

图5-76

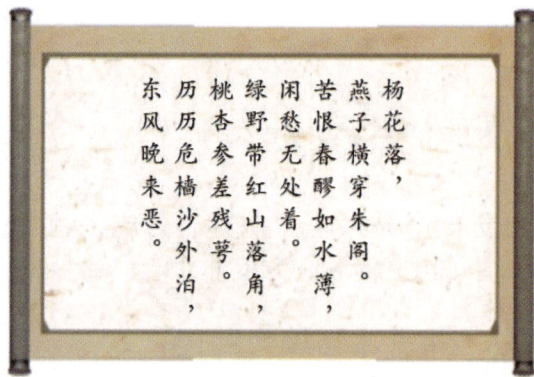

图5-77

制作文本绕排前，有几个需注意的事项。首先，需要使用"文字工具" **T** 拖曳出文本框并输入文字；其次，文字与图形对象必须处于同一图层；最后，文字应置于图形下方。

选择图形对象后，执行"对象"→"文本绕排"→"建立"命令，此时文本将自动围绕该对象进行排列。为确保文本完整显示，可以调整文本的字号、字高及行距等格式参数。

执行"对象"→"文本绕排"→"文本绕排选项"命令，将弹出"文本绕排选项"对话框，在该对话框中可设置位移参数。此处"位移"指的是文本与被绕排对象之间的间距，参数设置及相应绕排效果如图5-78所示。

若在"文本绕排选项"对话框中选中"反向绕排"复选框，则文本将显示于图形对象内部，并沿对象轮廓分布，具体效果如图5-79所示。

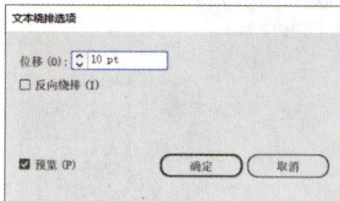

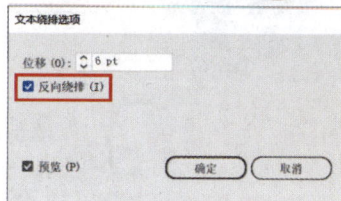

图5-78　　　　　　　　　　　　　　　　　　图5-79

5.7.4　实战：串接画册内页文本

本节以家居画册为例，阐述串接内页文本的方法。完成文本串接后，能够独立编辑各个文本框内文字的属性，例如字体、字号、颜色以及文字内容等。具体的操作步骤如下。

01 执行"文件"→"新建"命令，弹出"新建文档"对话框，设置参数如图5-80所示。单击"创建"按钮，新建一个空白文档。

02 导入家居装饰素材图像，调整尺寸并放置在相应的位置，如图5-81所示。

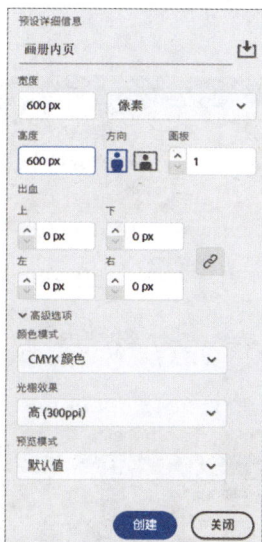

图5-80　　　　　　　　　　　　　　　　图5-81

03 选择"矩形工具" 📄，绘制黄色（#F1B358）的矩形，如图5-82所示。

04 导入图标素材，调整尺寸并放置在矩形的左侧，如图5-83所示。

05 选择"文字工具" **T**，在画布中指定对角点，绘制文本框，如图5-84所示。

06 输入文字，此时在文本框的右下角显示+图标，如图5-85所示，表示还有文本没有显示。

图5-82

图5-83

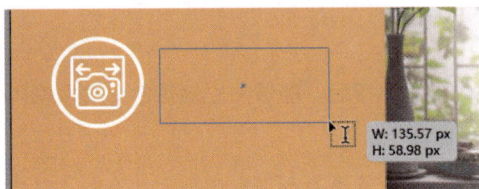

图5-84

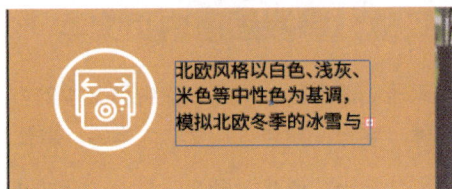

图5-85

07 单击文本框右下角的+图标，如图5-86所示。

08 移动鼠标指针，在画布的其他区域指定对角点，如图5-87所示。

图5-86

图5-87

09 拖动鼠标指针绘制文本框，如图5-88所示。创建串接文本框的结果如图5-89所示。两个文本框被串接在一起，调整文本框的尺寸，会影响文本的显示效果。

图5-88

图5-89

10 重复上述操作，继续创建第三个串接文本框，如图5-90所示。选择文本框内的文字，修改颜色与字号，如

图5-91所示。

图5-90

图5-91

11 选择"文字工具" ，在段落文字的上方创建标题文字。

12 执行"文件"→"导出"→"导出为"命令，弹出"导出"对话框。设置文件名称与存储路径，选择"使用画板"选项，单击"导出"按钮，弹出"JPEG选项"对话框，设置参数如图5-92所示。单击"确定"按钮，导出文件如图5-93所示。

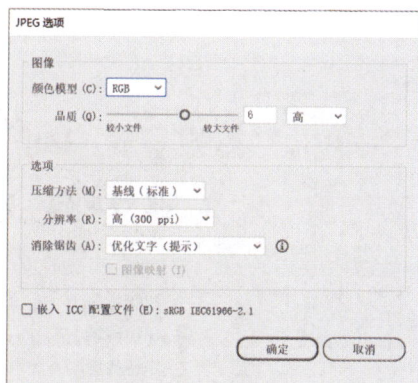

图5-92

图5-93

5.8　编辑文字

编辑文字的方式多样，涵盖添加项目符号与编号、插入特殊字符，以及执行查找／替换字体、更改大小写等操作。本节将介绍几种常用的编辑方法，其他编辑功能则可以通过"文字"菜单进行查找并使用。

5.8.1　添加项目符号和编号

选择段落文字，在控制栏上单击"项目符号"按钮 ，在弹出的下拉列表中选择项目符号类型，或者单击右下角的 按钮，弹出"项目符号和编号"对话框，在其中设置项目符号的位置参数。单击"确定"按钮，即可为选中的文字添加项目符号，如图 5-94 所示。执行"文字"→"项目符号和编号"→"应用项目符号"命令，也可以为选中的文字添加项目符号。

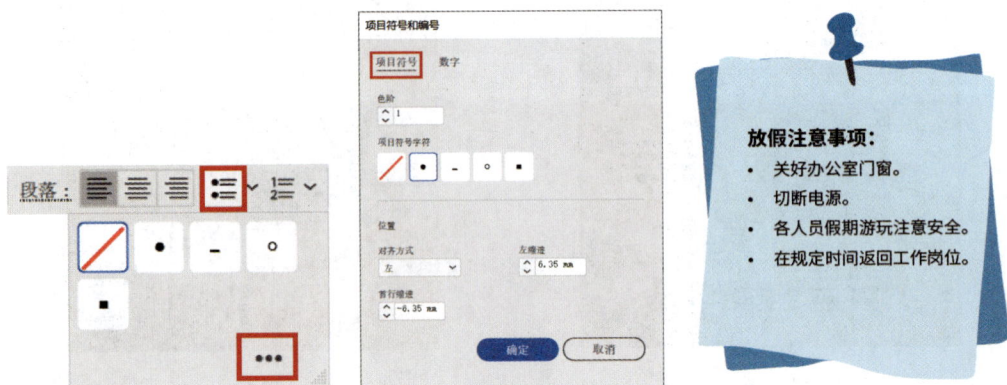

图 5-94

　　选择段落中需要添加编号的文字，在控制栏上单击"编号列表"按钮 ，在弹出的下拉列表中选择编号形式选项，或者单击右下角的按钮 •••，弹出"项目符号和编号"对话框，在其中设置编号的样式与位置参数。单击"确定"按钮，添加编号的结果如图 5-95 所示。执行"文字"→"项目符号和编号"→"应用编号"命令，也可以为选中的文字添加编号。

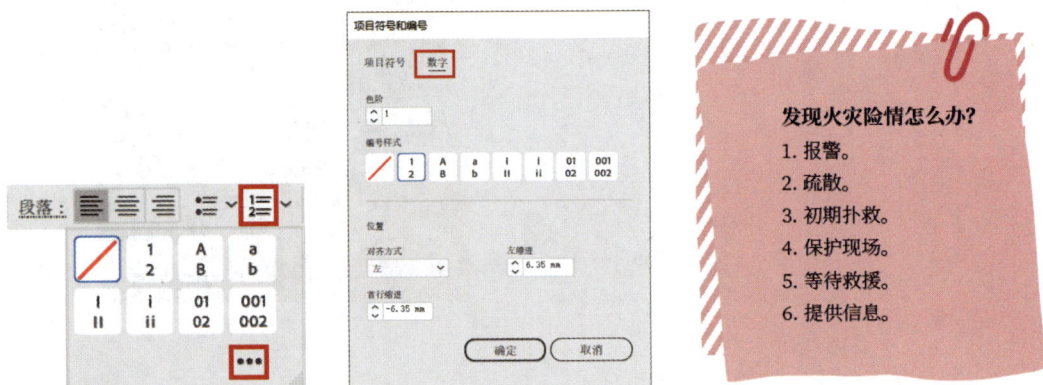

图 5-95

5.8.2　插入特殊字符

　　执行"文字"→"插入特殊字符"→"符号"→"版权符号"命令，可以在文本中添加版权符号，具体效果如图 5-96 所示。在"插入特殊字符"子菜单内，设有符号、连字符与破折号、引号这三类特殊字符选项，用户可以根据需求在子菜单中执行相应字符命令，将特殊字符插入文本。

5.8.3　查找/替换字体

　　执行"文字"→"查找 / 替换字体"命令，弹出"查找 / 替换字体"对话框，如图 5-97 所示。在该对话框中选择文档中的字体，再选择要替换的字体，单击"更改"或"全部更改"按钮即可替换字体。在"替换字体来自"下拉列表中显示 3 种来源选项，默认选择"最近使用"选项。在最近使用的字体列表中，用户可以选择任意字体进行替换。

图 5-96

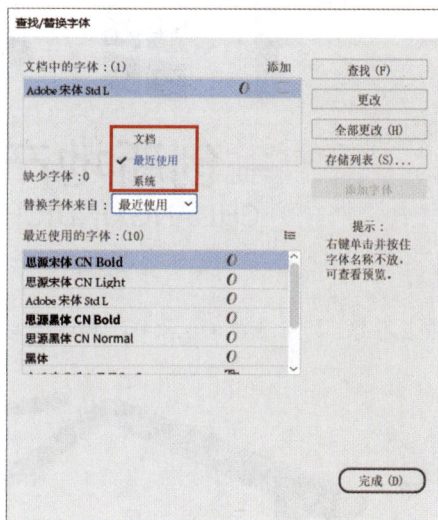

图 5-97

5.8.4　实战：更改大小写

在"更改大小写"子菜单中，提供了 4 种更改书写格式命令，即全部大写、全部小写、词首字母大写以及句首字母大写。本节将详细介绍如何更改房地产 LOGO 中英文字母的书写方式的方法。

01 打开LOGO.png素材文件，如图5-98所示。

02 选择"文字工具" **T**，在图案的下方输入商家名称，如图5-99所示。

图 5-98

图 5-99

03 继续在名称的下方输入汉语拼音字母，此时以全部大写的方式来表现，如图5-100所示。

04 选择CHUANG文字，如图5-101所示。

05 执行"文字"→"更改大小写"→"词首大写"命令，此时CHUANG更改为Chuang，词首字母大写其余字母为小写，如图5-102所示。

图 5-100

图 5-101

06 重复操作，对其他单词也执行"词首大写"命令，并在单词之间插入空格，如图 5-103 所示。

图 5-102

图 5-103

07 执行"文字"→"更改大小写"→"句首大写"命令，则只有句首字母为大写，其余字母均为小写，如图 5-104 所示。

08 执行"文字"→"更改大小写"→"小写"命令，所有字母均为小写，如图 5-105 所示。

图 5-104

图 5-105

5.9　课后习题：创建立体文字

本节将阐述立体文字的绘制流程，首先运用"文字工具"输入所需文字，随后将该文字转换为轮廓形态，最后为其添加 3D 效果。具体的操作步骤如下。

01　执行"文件"→"新建"命令，弹出"新建文档"对话框，设置参数如图5-106所示。单击"创建"按钮，新建一个空白文档。

02　导入"背景.png"素材并调整尺寸，使其与画布同等大小，如图5-107所示。

03　选择"文字工具"**T**，设置字体和颜色，输入数字5，如图5-108所示。

04　选择文字，执行"文字"→"创建轮廓"命令，将文字创建成轮廓，接着调整文字的尺寸，如图5-109所示。

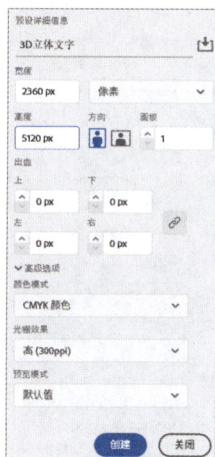   

图5-106　　　　　　　图5-107　　　　　　　图5-108　　　　　　　图5-109

05　选择创建为轮廓的文字，执行"效果"→"3D和材质"→"凸出和斜角"命令，调出"3D和材质"面板。选择"对象"选项并设置其他参数，如图5-110所示。

图5-110

06　选择"光照"选项并设置参数，如图5-111所示。创建3D文字的效果如图5-112所示。

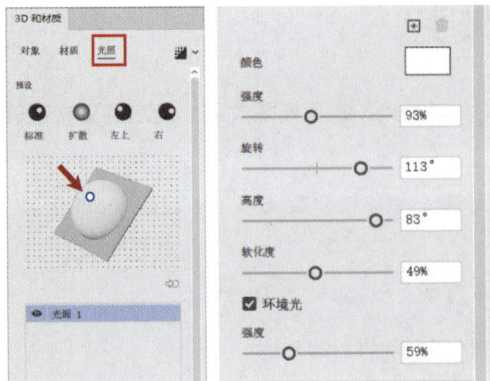

图5-111

图5-112

07 选择文字，执行"效果"→"风格化"→"投影"命令，弹出"投影"对话框，在其中设置参数和颜色，如图5-113所示。单击"确定"按钮，为文字添加投影效果，如图5-114所示。

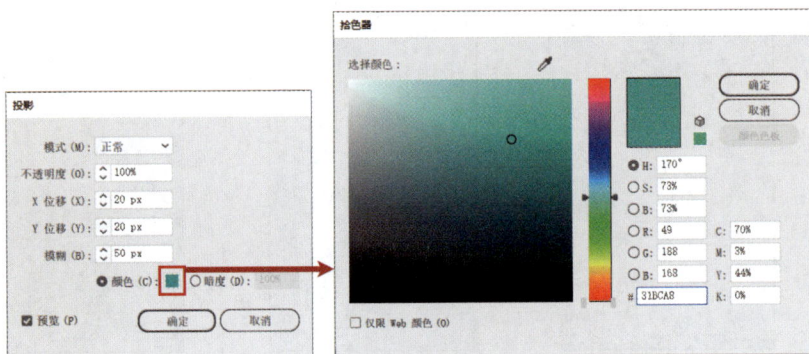

图5-113

图5-114

08 重复上述操作，继续创建文字4的3D效果，如图5-115所示。

09 选择"文字工具" T，设置字体、字号和颜色，并输入文字。利用"矩形工具" ▭，在"五四青年节"文字下方绘制圆角矩形，并为矩形填充渐变色，如图5-116所示。

图5-115

图5-116

10 选择"文字工具" **T** ，设置字体与字号，并输入"青"和"春"两个字。分别对两个文字执行"文字"→"创建轮廓"命令，再为文字填充渐变色。

11 选择文字，执行"效果"→"模糊"→"高斯模糊"命令，弹出"高斯模糊"对话框，设置参数如图5-117所示，单击"确定"按钮关闭对话框。

12 保持文字的选择状态，执行"效果"→"应用高斯模糊"命令，弹出如图5-118所示的Adobe Illustrator对话框，单击"应用新效果"按钮。

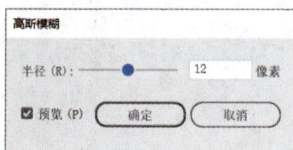

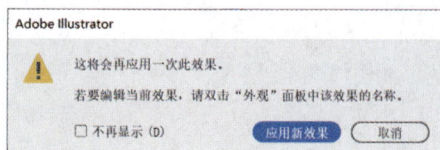

图5-117　　　　　　　　　　　　　　图5-118

13 为"青"和"春"二字应用两次高斯模糊效果，如图5-119所示。

14 导入装饰素材，执行"文件"→"导出"→"导出为"命令，将结果导出为jpeg格式文件，如图5-120所示。

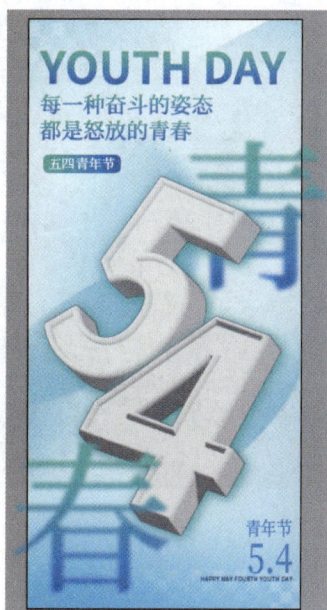

图5-119　　　　　　　　　　　　　　图5-120

第 6 章

排版设计：图层与蒙版

借助图层工具，能够创建并编辑多种图形效果。在"图层"面板中，可以对图层进行移动、创建及删除等操作，进而使位于图层上的对象显示效果随之改变。本章将详细介绍相关操作方法。

6.1 什么是排版设计

排版设计也称"版面编排"，指在有限的版面空间内，对版面构成要素（如文字、图形、线条及色块等）进行组合排列，通过运用造型要素及形式原理，将构思与计划以视觉形式呈现出来。如图 6-1 所示，为科技企业画册的排版设计效果。

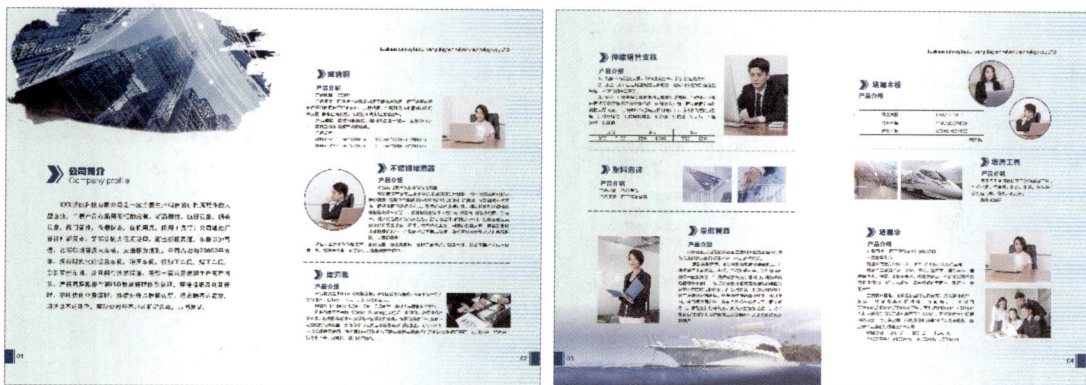

图6-1

6.2 Illustrator 2025在排版设计中的应用

排版设计涵盖的各项工作，诸如绘制图形、输入文字、添加装饰图案等，均可借助 Illustrator 来完成。在 6.3.4 小节中，通过调整页面图形的位置布局，能够使美食宣传单上的图文信息清晰呈现，便于顾客浏览与关注。

而在 6.5.4 小节中，可以运用剪切蒙版功能来精准控制山水图像的显示范围，并为其添加羽化效果，以此弱化范围边界，让图像能够自然地与背景融为一体。

此外，其他实例同样介绍了在 Illustrator 中进行排版的方法。建议读者跟随实例内容亲自上手操作，通过实践来提升自身运用该软件的技能水平。

6.3 应用图层

本节将介绍图层的基础知识，涵盖对"图层"面板的认知、图层的创建方法，以及图层的编辑操作。其中，图层编辑内容包括移动图层、删除图层、关闭图层显示以及合并图层等。

6.3.1　"图层"面板

执行"窗口"→"图层"命令，或者按 F7 键，都可以调出"图层"面板，如图 6-2 所示。在"图层"面板中显示当前图稿所包含的图层，默认以数字命名，如图层 1、图层 2……单击右上角的菜单按钮≡，在弹出的菜单中显示编辑选项。选择选项，可以新建图层或者编辑图层等。

在菜单中选择"面板选项"选项，弹出"图层面板选项"对话框。在该对话框中设置"图层"面板中行的大小以及图层缩览图的显示方式，如图 6-3 所示。单击"确定"按钮，在"图层"面板中查看设置结果。

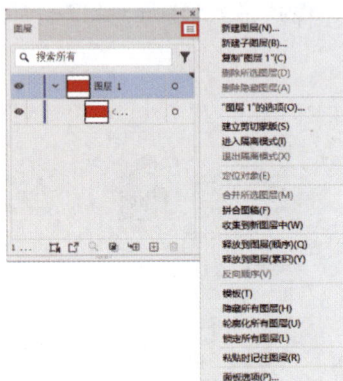
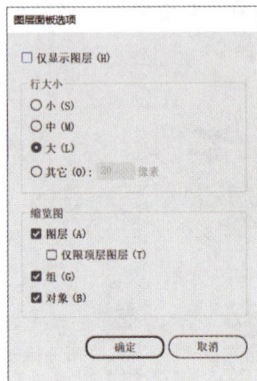

图6-2　　　　　　　　　　　　图6-3

6.3.2　创建图层

在"图层"面板的菜单中选择"新建图层"选项，弹出"图层选项"对话框。在该对话框中设置图层名称、图层颜色以及图层的属性参数，如图 6-4 所示。单击"确定"按钮即可新建图层。

在"图层"面板的右下角位置，单击"创建新图层"按钮，即可新建一个图层，如图 6-5 所示。新创建的图层，系统会根据用户已创建图层的数量自动为其命名，此时新图层名称为"图层 3"。

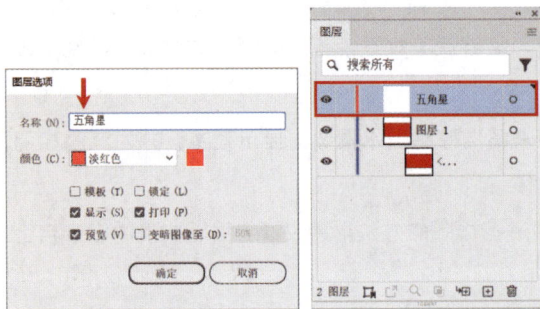
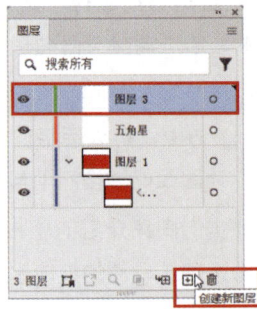

图6-4　　　　　　　　　　　　图6-5

通常情况下，若未进行重命名操作，五角星图层这类新创建图层的默认名称本应为"图层 2"，但此例中该图层已被用户重命名为"五角星"。在此之后，若用户继续创建新图层，系统会自动按照顺序将新图层命名为"图层 4""图层 5"等。

选择图层 3，在"图层"面板的右下角单击"创建新子图层"按钮，即可在图层 3 的基础上创建新子图层，即图层 4，如图 6-6 所示。图层 4 与图层 3 相互关联，共同受到开 / 关、锁定 / 解锁操作的影响，但是可以独立选中图层并编辑图层内容。

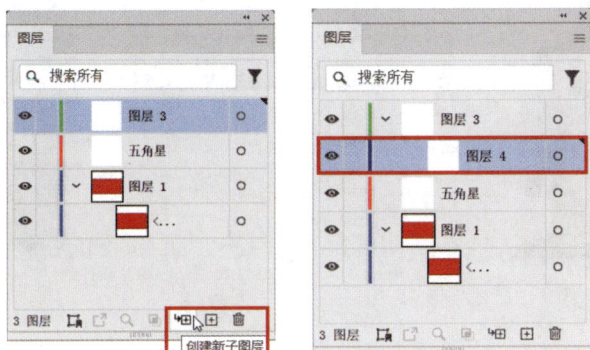

图6-6

6.3.3　编辑图层

编辑图层有多种方式，本节介绍常见的编辑方式，如选择图层、开 / 关图层以及锁定 / 解锁图层等。

1. 选择图层

在"图层"面板中选择图层，如选择"行李箱"图层，在图稿中显示行李箱被选中的状态，如图 6-7 所示。此时可以对行李箱图形进行移动、复制等操作。

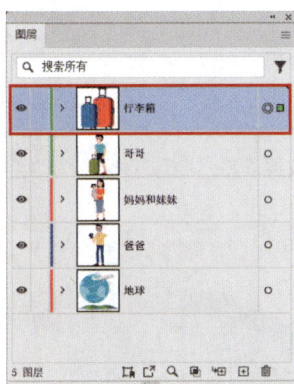

图6-7

2. 开/关图层

关闭图层，图层上的图形也会被隐藏。如关闭"哥哥"图层，画稿中对应的人物暂时不可见，如图 6-8 所示。再次开启图层，人物恢复显示。

3. 锁定/解锁图层

锁定图层，图层中的图形不可被编辑，包括最基本的被选择的操作。如锁定"妈妈和妹妹"图层，其他图层中的图形都可以被编辑，唯独"妈妈和妹妹"图层中的图形不受影响，如图 6-9 所示。解锁图层，图形恢复可以被编辑的状态。

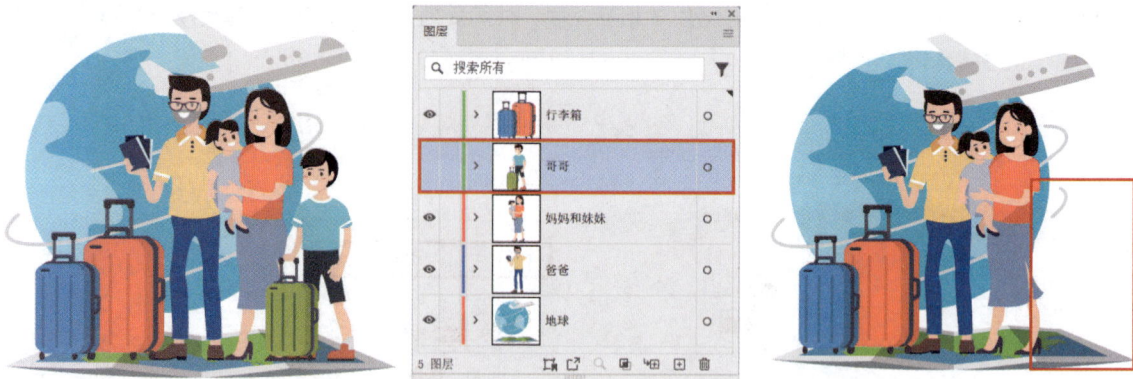

图6-8

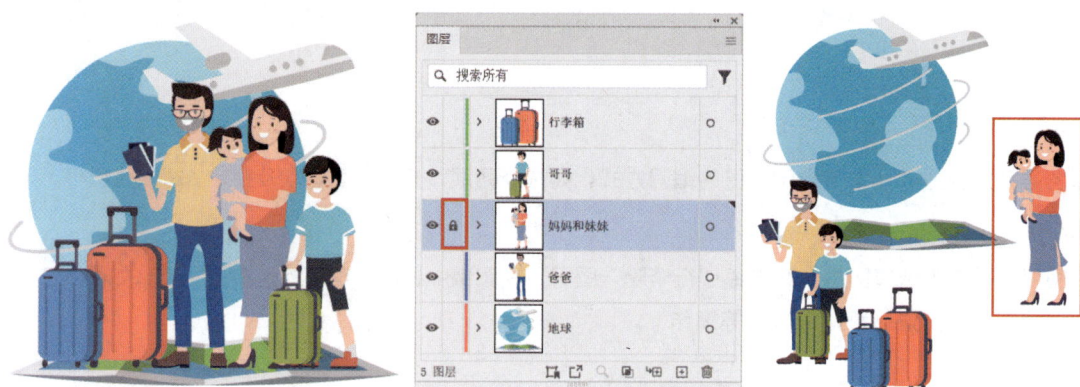

图6-9

4. 移动图层

移动图层，更改图层对象的层级，使画稿呈现不同的显示效果。将"地球"图层移动至顶层，其他图形被"地球"图层中的图形覆盖，效果如图 6-10 所示。

图6-10

5. 合并图层

选择图层，单击面板右上角的菜单按钮 ，在弹出的菜单中选择"合并所选图层"选项，合并所选图层沿用顶层的名称，如行李箱。单击选择合并的图层，位于图层中的对象被同时选中，如图 6-11 所示。

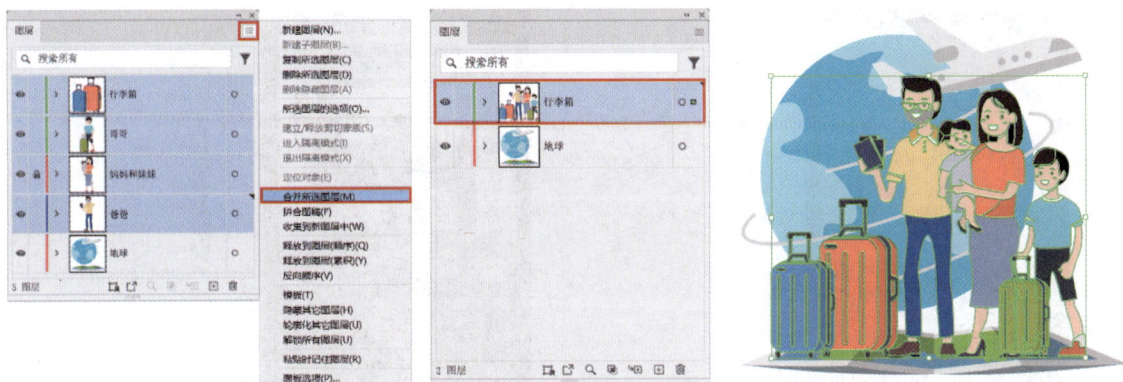

图6-11

6. 拼合图稿

单击"图层"面板右上角的菜单按钮 ，在弹出的菜单中选择"拼合图稿"选项，即可将所有的图层都拼合为一个图层。展开拼合的图层，可以查看其中所包含的子图层，如图 6-12 所示。展开子图层，在列表中显示图形的组成元素。

图6-12

6.3.4　实战：调整美食宣传单图形的显示效果

本节以美食宣传单为例，通过调整图层来更改图形的显示效果。具体的操作步骤如下。

01　打开"美食宣传单-初始.ai"文件，如图6-13所示。此时云纹图层位于顶层，遮挡了其他图形。

02　在"图层"面板中选中"云纹"图层，按住左键向下拖曳，将"云纹"图层放置在"图层1"之上。此时被"云纹"图层遮盖的图形显示出来，如图6-14所示。

03　观察上一步的操作结果，发现"叉烧饭"图像被框架遮挡。在"图层"面板中选择"叉烧饭"图层，按住左键向上拖曳，将"叉烧饭"图层放置在框架图层之上，如图6-15所示。

04　叉烧饭价格的底纹被框架遮挡，影响价格的观看效果。在"图层"面板中选择"底纹"图层，按住左键向上拖曳，将"底纹"图层放置在"叉烧饭"图形之上，如图6-16所示，此时底纹很好地衬托了价格，使价格在宣传单中更加醒目。

图6-13

图6-14

图6-15

图6-16

05 观察上一步的操作结果，发现菜品图像被框架遮挡，影响观看效果。选择"框架"图层，按住左键并向下拖曳，将"框架"图层放置在"灯笼"图层之上，此时5个菜品得到清晰的展示，如图6-17所示。

图6-17

6.4　混合对象

利用"混合工具"，可以变形两个或多个对象的形状和颜色，创造丰富多样的图形对象，使画稿适应多种使用需求。本节介绍创建与编辑混合对象的方法。

6.4.1　认识混合对象

单击"混合工具"按钮，或者按快捷键 Ctrl+Alt+B，都可以选择"混合工具"。依次选择图形，创建混合对象的结果如图 6-18 所示。混合对象融合了所选对象的形状与颜色，呈现出与源对象完全不同的外观样式。

图6-18

双击"混合工具"按钮，弹出"混合选项"对话框，在"间距"下拉列表中选择相应选项，指定取向类型，单击"确定"按钮即可按照所设置的参数执行混合对象的操作。

更改"指定的步数"值，混合对象的效果有所不同。默认步数为 8，可以明显观察到对象混合的过程。增大步数值，混合效果更加细腻，如图 6-19 所示。

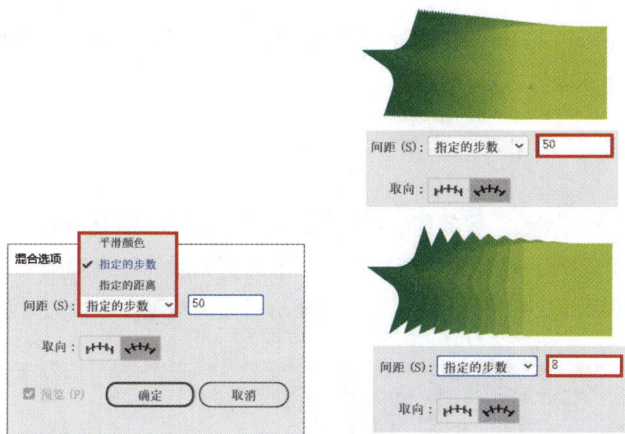

图6-19

6.4.2　重定义混合对象

选择混合对象，执行"对象"→"混合"→"反向混合轴"命令，可以更改对象的混合方向，使对象的形状与填充颜色发生变化，如图 6-20 所示。

选择混合对象，执行"对象"→"混合"→"反向堆叠"命令，更改对象颜色堆叠的方向，使混合对象的颜色填充方向发生反转，从而改变混合效果，如图 6-21 所示。

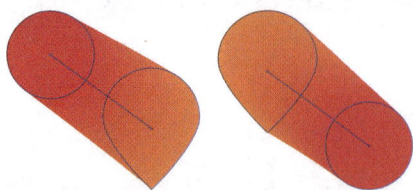 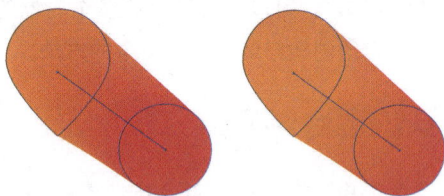

图6-20　　　　　　　　　　　　　　　　　　　图6-21

选择混合对象，执行"对象"→"混合"→"释放"命令，撤销混合效果，恢复对象的初始状态，如图 6-22 所示。

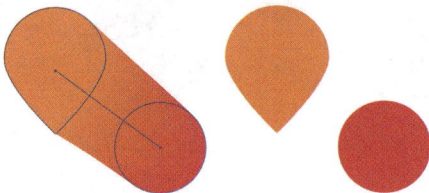

图6-22

6.5　剪切蒙版

运用剪切蒙版，可以在不修剪图形的情况下，控制图形的显示内容。用户可以随时释放剪切蒙版，恢复图形的原始状态。本节介绍具体的操作方法。

6.5.1　创建剪切蒙版

在"图层"面板的下方单击"建立 / 释放剪切蒙版"按钮，或者按快捷键 Ctrl+7，都可以创建剪切蒙版。在插画图稿上绘制一个白色的矩形，选择矩形与插画，创建剪切蒙版的效果如图 6-23 所示。被白色矩形覆盖的插画内容显示在画布中，如图 6-24 所示。没有被白色矩形覆盖的插画内容被暂时隐藏，可以随时恢复显示。

 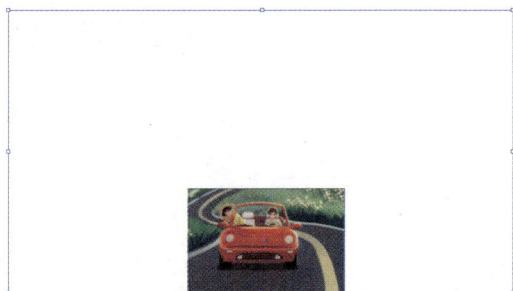

图6-23　　　　　　　　　　　　　　　　　　　图6-24

6.5.2 运用剪切蒙版

创建剪切蒙版后，如果想要调整剪切蒙版内的显示内容，可以通过移动操作来实现。在上一小节中将插画限制在矩形内显示，此时想要更改矩形中的内容，可以使用鼠标指针按住并移动插画，在矩形内浏览插画内容，如图 6-25 所示。通过上述操作，可以实时更改蒙版内容，更新图稿的显示效果。

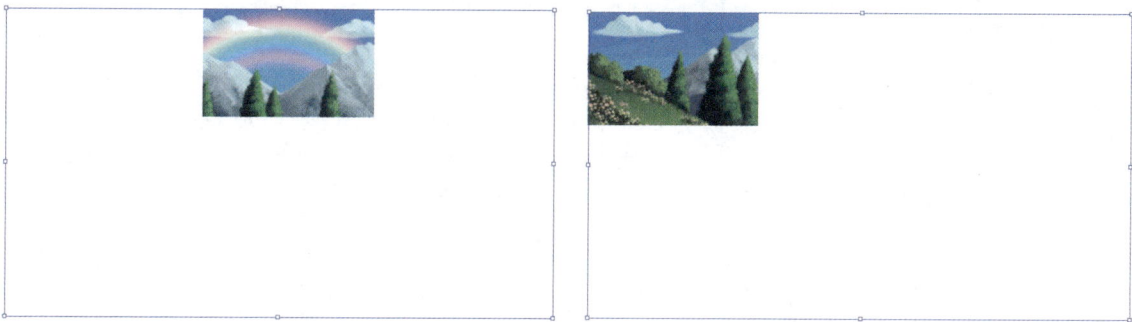

图6-25

6.5.3 释放剪切蒙版

选择剪切蒙版对象，在"图层"面板的下方单击"建立 / 释放剪切蒙版"按钮，即可撤销剪切蒙版，恢复插画的原始状态，如图 6-26 所示。

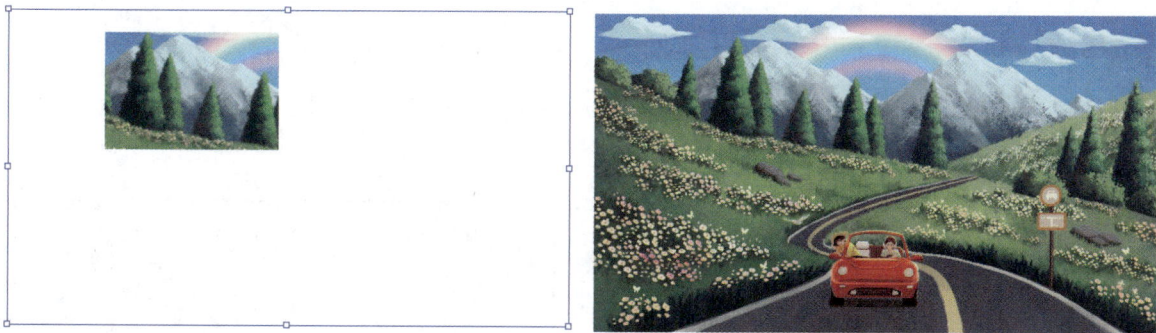

图6-26

6.5.4 实战：中国风山水名片设计

本节介绍中国风山水风格名片的设计方法，利用剪切蒙版可以控制图像的显示范围，使其在保留完整性的前提下装饰画面。具体的操作步骤如下。

01 执行"文件"→"新建"命令，弹出"新建文档"对话框，设置参数如图6-27所示。单击"创建"按钮，新建一个空白文档。

02 导入"底纹.png"素材并调整尺寸，使其与画布同等大小，如图6-28所示。

03 打开"山水画1.jpg"和"山水画2.jpg"素材，如图6-29所示。

图6-27

图6-28

图6-29

04 将"山水画1"移至画布上，选择"矩形工具" ▢，在其上绘制任意填充色的矩形，如图6-30所示。

05 选择矩形与"山水画1"，按快捷键Ctrl+7，创建剪切蒙版，被矩形覆盖的图像内容被保留，图像的其他部分被隐藏，如图6-31所示。

图6-30

图6-31

06 选择创建蒙版后的图像，执行"效果"→"风格化"→"羽化"命令，弹出"羽化"对话框，设置参数如图6-32所示。

07 单击"确定"按钮关闭对话框，添加羽化效果后，图像的边缘被虚化，更好地与背景融合在一起，如图6-33所示。

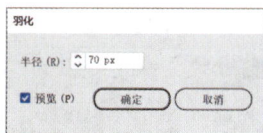

图6-32

图6-33

08 移动"山水画2"至画布之上，选择"弯曲工具" ✎，在"山水画2"上绘制形状，如图6-34所示。

09 选择形状与图像，按快捷键Ctrl+7创建剪切蒙版，如图6-35所示。

图6-34

图6-35

10 选择图像，执行"效果"→"风格化"→"羽化"命令，在"羽化"对话框中设置"半径"值，如图6-36所示。单击"确定"按钮，即可为图像添加羽化效果。调整图像的位置与尺寸，如图6-37所示。

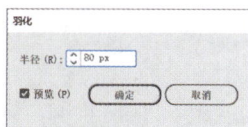

图6-36

图6-37

11 继续选择"弯曲工具" ✎，在"山水画2"上绘制形状，如图6-38所示。选择形状与图像，按快捷键Ctrl+7创建剪切蒙版，如图6-39所示。

图6-38

图6-39

12 选择图像，执行"效果"→"风格化"→"羽化"命令，弹出"羽化"对话框，设置"半径"值为50，选中"预览"复选框，如图6-40所示，可以实时观看羽化效果。单击"确定"按钮关闭对话框，为图像添加羽化效果如图6-41所示。

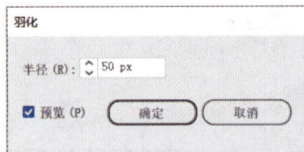

图6-40

图6-41

13 导入"LOGO.png"素材，放置在画布的左上角，如图6-42所示。

14 选择"文字工具" T ，输入文字。执行"文件"→"导出"→"导出为"命令，弹出"导出"对话框。选择存储路径并输入名称，选中"使用画板"复选框，如图6-43所示。

图6-42

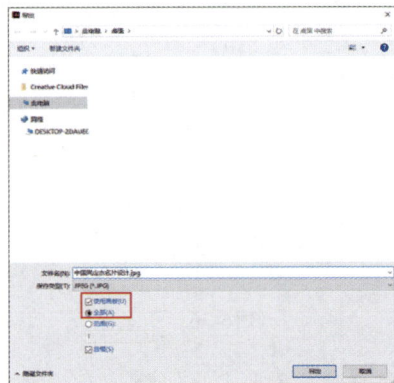

图6-43

15 单击"导出"按钮，弹出"JPEG选项"对话框，设置参数如图6-44所示。单击"确定"按钮，导出文件如图6-45所示。

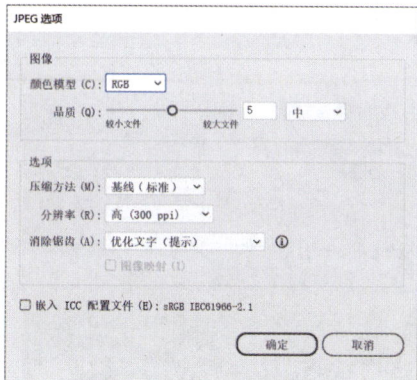

图6-44

图6-45

6.6　应用透明度效果

在"透明度"面板中，用户能够调整选定对象的不透明度。降低不透明度并非直接降低饱和度，而是可以使对象呈现影影绰绰、朦胧虚幻的视觉效果。同时，选择不同的混合模式，能让图形展现出各异的外观效果。此外，通过创建不透明度蒙版，可以在不改变图形整体状态的前提下，单独对指定区域的不透明度进行编辑。本节将详细介绍相关操作方法。

6.6.1　"透明度"面板

在插画的上方创建一个白色的圆角矩形，选择矩形。执行"窗口"→"透明度"命令，调出"透明度"面板，在该面板中修改"不透明度"值为53%，降低矩形的不透明度，可以透过矩形查看被覆盖的内容，如图6-46所示。

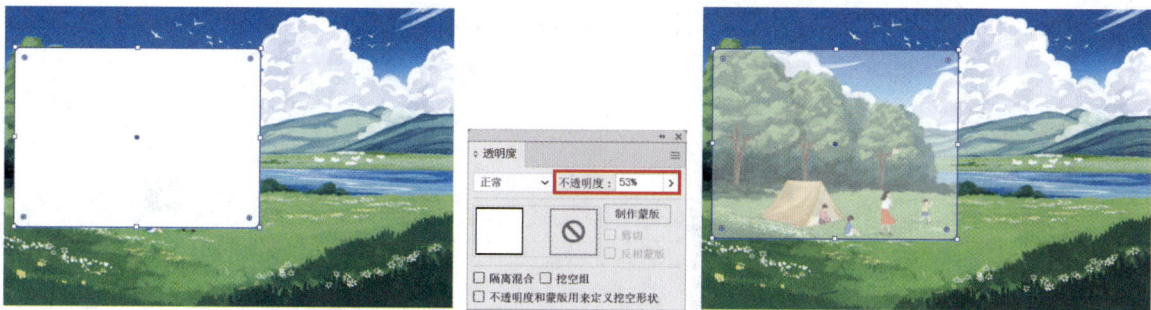

图6-46

将"不透明度"值修改为0%，矩形的遮盖作用完全消失，可以清晰地观看插画。但是矩形没有被删除，恢复其"不透明度"值为100%，即可重新显示。

6.6.2　混合模式

将白色的羽毛素材覆盖在春日插画上，在"透明度"面板中修改羽毛背景的混合模式为正片叠底，显示效果如图 6-47 所示。相同的背景，不同的混合模式会显示不同的效果。

图6-47

分别为羽毛背景指定不同的混合模式，如叠加、柔光及色相，所对应的效果如图 6-48 所示。选择不同的混合模式，熟悉其所呈现的效果，可以在设计图稿的过程中快速、准确地选择适用的混合模式。

图6-48

6.6.3　创建/编辑不透明度蒙版

在海底插画的上面绘制一个白色椭圆，选择椭圆与插画，在"透明度"面板中单击"制作蒙版"按钮，即可创建透明度蒙版。椭圆外的插画被隐藏，调整"不透明度"值，可以降低椭圆内插画的显示效果，如图 6-49 所示。

图6-49

在插画上绘制黑、白、中灰和浅灰色的矩形，将 4 个矩形编组，选择矩形与插画创建不透明度蒙版，可以为插画创建由浅至深的渐变效果，如图 6-50 所示。

图6-50

6.6.4　实战：绘制公益展板半透明底纹

本节将介绍公益展板半透明底纹的绘制方法。在"透明度"面板中，设置图形的混合模式与不透明度，以此改变图形的显示效果。具体的操作步骤如下。

01 执行"文件"→"新建"命令，弹出"新建文档"对话框，设置参数如图6-51所示。单击"创建"按钮，新建一个空白文档。

02 导入"背景.png"素材，调整尺寸，使其与画布同等大小，如图6-52所示。

03 选择"矩形工具"▢，绘制绿色（#05AA19）的矩形，如图6-53所示。

04 选择"旋转工具"↻，按住Alt键激活中心点，按住鼠标左键并向下拖曳，更改中心点位置，如图6-54所示。

图6-51　　　　　　　　图6-52

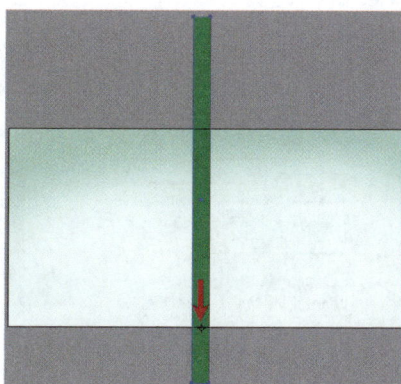

图6-53　　　　　　　　图6-54

05 在稍后弹出的"旋转"对话框中设置"角度"值，单击"复制"按钮，如图6-55所示。旋转并复制矩形的结果如图6-56所示。

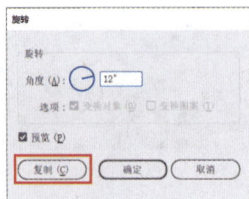

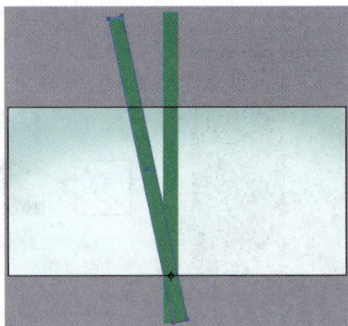

图6-55　　　　　　　　　　　　　　　图6-56

06 按快捷键Ctrl+D继续旋转复制矩形，如图6-57所示。

07 重复操作，继续旋转复制矩形，如图6-58所示。

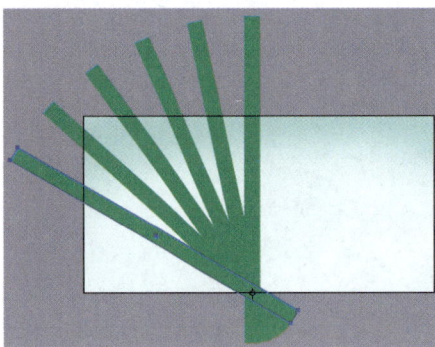

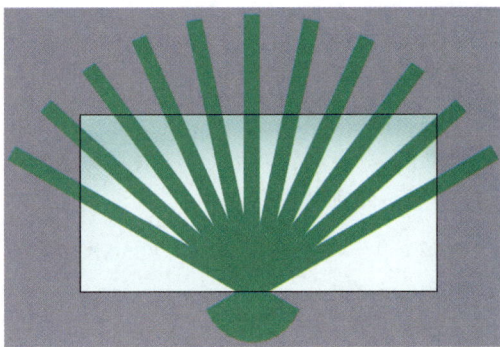

图6-57　　　　　　　　　　　　　　　图6-58

08 选择所有的矩形，按快捷键Ctrl+G编组。选择组，执行"窗口"→"透明度"命令，在调出的"透明度"面板中设置"不透明度"值为10%，如图6-59所示。矩形的显示效果如图6-60所示。

图6-59　　　　　　　　　　　　　　　图6-60

09 导入相应的素材，调整位置与尺寸，如图6-61所示。

10　选择"文字工具" **T**，输入文字。使用合适的绘图工具，绘制形状，如图6-62所示。

图6-61

图6-62

11　导入"磨砂层.png"素材，调整尺寸，使其与画布同等大小，并置于顶层，如图6-63所示。

图6-63

12　选择磨砂层，在"透明度"面板中设置混合模式为"叠加"，"不透明度"值为42%，如图6-64所示。为展板添加磨砂效果，增强画面质感，最终结果如图6-65所示。

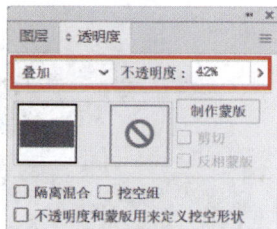

图6-64

图6-65

6.7　课后习题：编排企业宣传画册内页

　　本节将详解企业宣传画册内页的编排方法，该方法综合运用了本章所学的各类知识，例如创建剪切蒙版、调整对象不透明度，以及通过调整图层位置来控制图形的显示效果等。具体的操作步骤如下。

01 执行"文件"→"新建"命令，弹出"新建文档"对话框，设置参数如图6-66所示。单击"创建"按钮，新建一个空白文档。

02 导入"城市高楼.jpg"素材，调整尺寸，使其与画布同等大小。按快捷键Ctrl+R显示标尺，从标尺中拖出垂直参考线，放置在画布的中间，如图6-67所示。

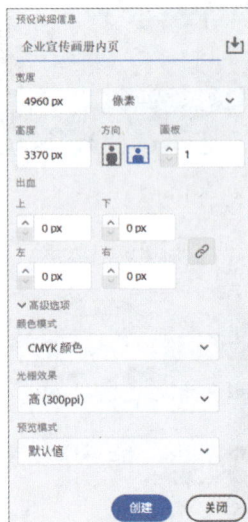

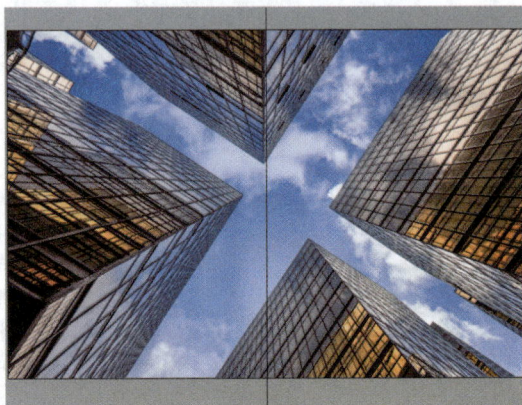

图6-66　　　　　　　　　　　　　　　图6-67

03 选择"矩形工具"，绘制任意填充色的矩形。单击"直接选择工具"按钮，选择矩形的锚点，调整锚点位置，更改矩形的外观，如图6-68所示。

04 选择矩形与城市高楼图像，按快捷键Ctrl+7创建剪切蒙版，如图6-69所示。

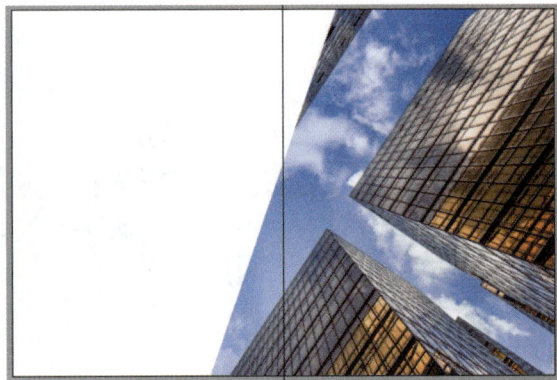

图6-68　　　　　　　　　　　　　　　图6-69

05 选择"弯曲工具"，绘制填充色为蓝色（#2191D6）的形状，如图6-70所示。

06 选择蓝色形状，按住Alt键并向左拖曳复制。调整形状的锚点，更改外观显示样式。在"透明度"面板中更改"不透明度"值为67%，如图6-71所示。更改不透明度后形状的显示效果如图6-72所示。

07 选择"矩形工具"，绘制蓝色（#2191D6）的矩形。单击"直接选择工具"按钮，选择并移动矩形左侧的锚点。最后在矩形的左上角与左下角创建圆角，如图6-73所示。

图6-70

图6-71

图6-72

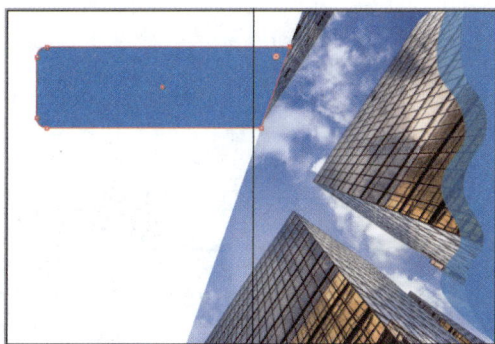

图6-73

08 选择"文字工具" **T**，设置字体、字号及颜色，在画面中输入文字，如图6-74所示。

09 选择"矩形工具" ，绘制黄色（#EC9F4C）的矩形，调整矩形的角度并放置在画面中间，如图6-75所示。

图6-74

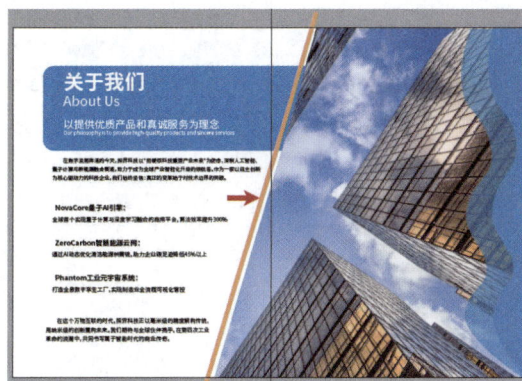

图6-75

10 在"图层"面板中选择黄色矩形图层，按住鼠标左键并向下拖曳，将其放在蓝色矩形图层之下，如图6-76所示。

11 在画面中观察调整图层位置的结果，此时黄色矩形被蓝色矩形覆盖，符合设计要求，如图6-77所示。

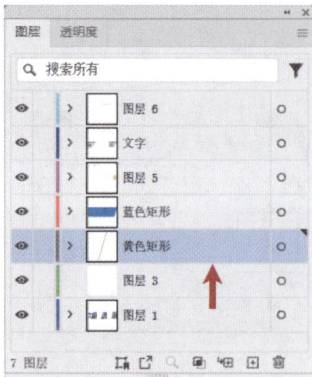

图6-76

图6-77

12 使用"矩形工具" ▢ 和"椭圆工具" ◯，在标题文字和页码的下方绘制底纹，如图6-78所示。

13 执行"文件"→"导出"→"导出为"命令，弹出"导出"对话框。设置文件名与存储路径，选中"使用画板"复选框，如图6-79所示。

图6-78

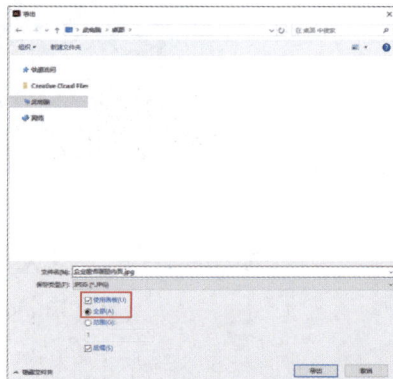

图6-79

14 单击"导出"按钮，弹出"JPEG选项"对话框，设置参数如图6-80所示。单击"确定"按钮，导出文件，最终结果如图6-81所示。

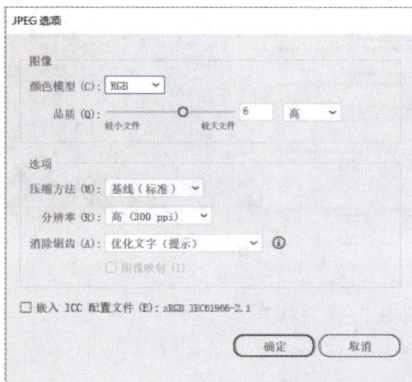

图6-80

图6-81

第 7 章

网页设计：多样化图形

在网页设计领域，常会运用各类图形，包括矢量图形、位图图像以及 3D 图形等。这些内容的合理使用，能够增添页面的趣味性，让页面呈现出活泼且富有生机的视觉效果，还能辅助文本更有效地传达信息，进而提升受众浏览页面时的愉悦感受。本章将详细介绍创建多样化图形的方法。

7.1 什么是网页设计

网页设计是指企业依据期望向浏览者传达的信息（如产品特性、服务内容、企业理念、文化内涵等），开展网站功能规划以及页面设计美化等工作。通常，网页设计可以划分为功能型网页设计、形象型网页设计和信息型网页设计这三类。图 7-1 为网页设计的效果示例。

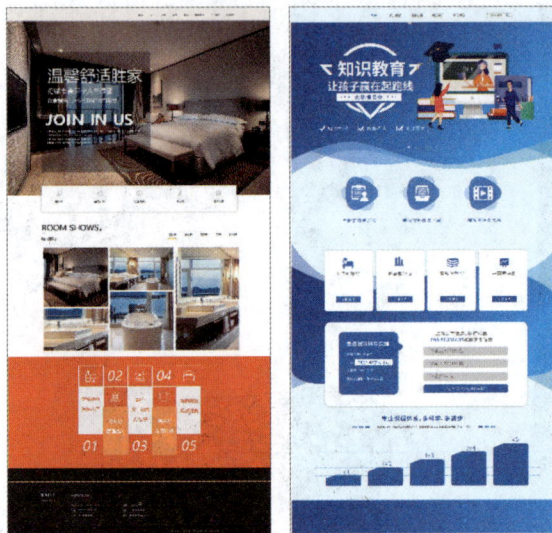

图7-1

7.2 Illustrator 2025在网页设计中的应用

Illustrator 为网页设计提供了有力的支持。借助其丰富的绘图与编辑工具，设计师能够快速绘制出所需的各类图形。例如，在章末的课后习题中，通过为深色背景添加"粗糙蜡笔"效果，原本平淡无奇的矩形便能呈现出独特的质感。此外，Illustrator 的 3D 和材质功能十分强大，利用这些功能，设计师可以轻松创建 3D 图形，如网页功能按钮等。在 7.5.6 小节中，将详细介绍创建 3D 网页流程按钮的具体方法。

Illustrator 具有强大的绘图能力，然而在设计不同风格的网页时，所应用的工具会有所差异。本章仅列举了其中一些常用的工具，读者还需要通过大量的练习，才能将所学知识融会贯通，并灵活运用到实际工作中。

7.3 矢量图形

对矢量图形进行编辑操作，能够创建出与源图形存在差异的新图形。具体操作方式涵盖添加变形与扭曲效果、将图形转换为形状以及创建风格化样式等。本节将详细介绍这些操作方法。

7.3.1　变形

选择图形，在"效果"→"变形"子菜单中包含多种变形效果命令，执行其中一个命令，弹出"变形选项"对话框。在该对话框中选择变形效果，如弧形，可以实时预览图形产生的变化。拖动滑块，或者直接输入参数，可以调节变形效果，如图 7-2 所示。

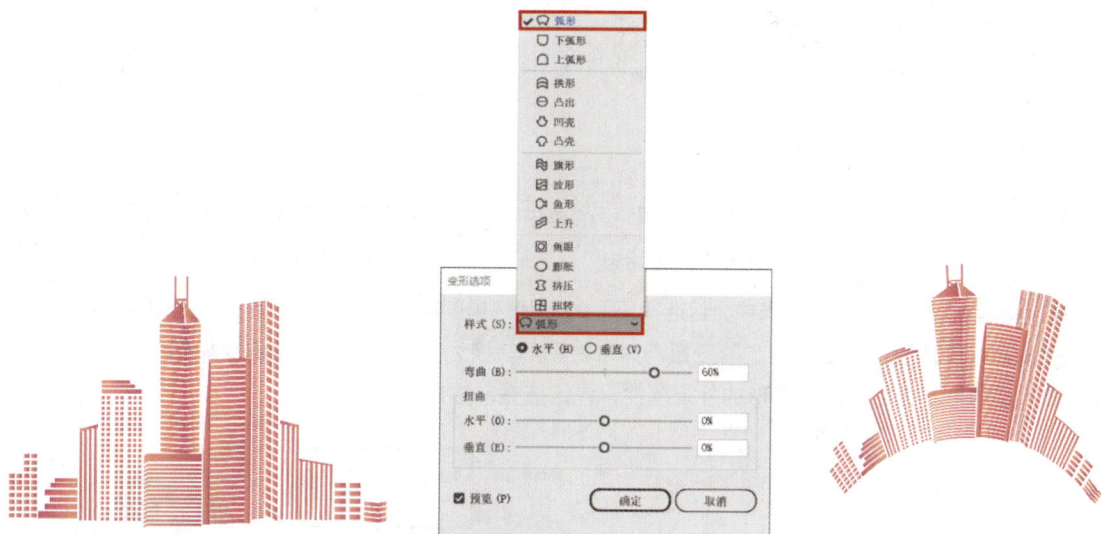

图7-2

7.3.2　变换/扭曲效果

选择对象，执行"效果"→"扭曲和变换"→"变换"命令，弹出"变换效果"对话框。在其中设置缩放、移动以及旋转等参数，通过预览功能，观察图形产生的变化。设置"垂直"与"角度"值，图形的变换效果如图 7-3 所示。

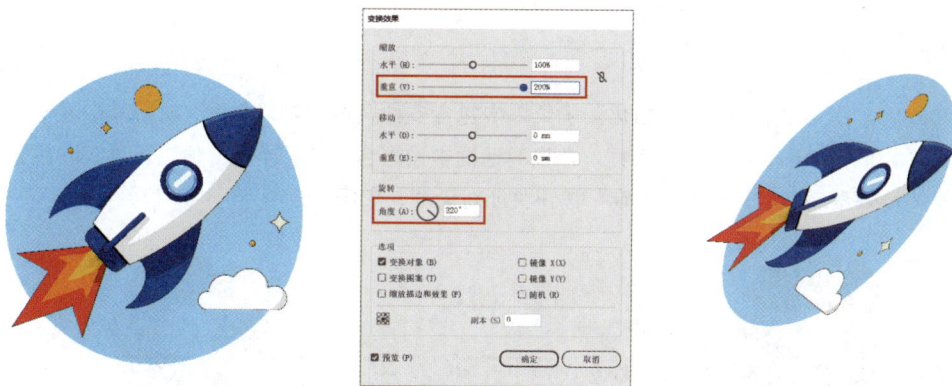

图7-3

选择对象，执行"效果"→"扭曲和变换"→"波纹效果"命令，弹出"波纹效果"对话框，设置"大小"及"每段的隆起数"值，以及点的类型，单击"确定"按钮，为对象添加波纹效果，如图 7-4 所示。

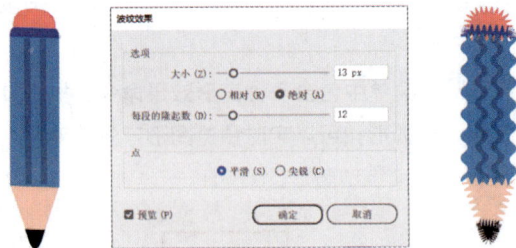

图7-4

7.3.3　将图形转换为形状

选中图形后，在"效果"→"转换为形状"子菜单中包含多种形状类型命令。当执行其中某一命令，例如选择"矩形"命令时，会弹出"形状选项"对话框。

在该对话框的"形状"下拉列表中，若选择不同的形状选项，对应的参数设置也会随之改变。当选定"矩形"选项并完成参数设置后，单击"确定"按钮，即可将图形转换为相应形状，转换结果如图7-5所示。值得注意的是，转换后的形状会继承所选图形的外观属性，包括填充、描边等。

图7-5

7.3.4　风格化

选中目标对象后，在"效果"→"风格化"子菜单中包含多种风格化效果命令。执行其中某一个命令，如执行"圆角"命令，便会弹出"圆角"对话框。在该对话框中设置合适的"半径"值，可以实时预览为对象添加圆角后的效果。待效果满意后，单击"确定"按钮关闭对话框，如图7-6所示。

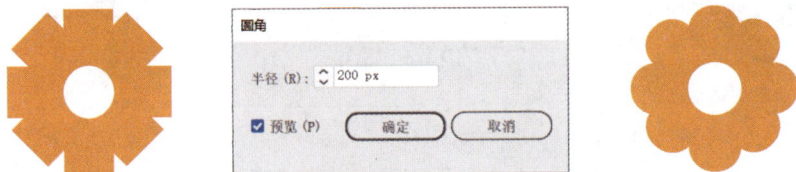

图7-6

选择对象，执行"效果"→"风格化"→"投影"命令，弹出"投影"对话框。在该对话框中设置"模式""不透明度"等参数，实时预览为对象添加投影的效果，如图 7-7 所示。

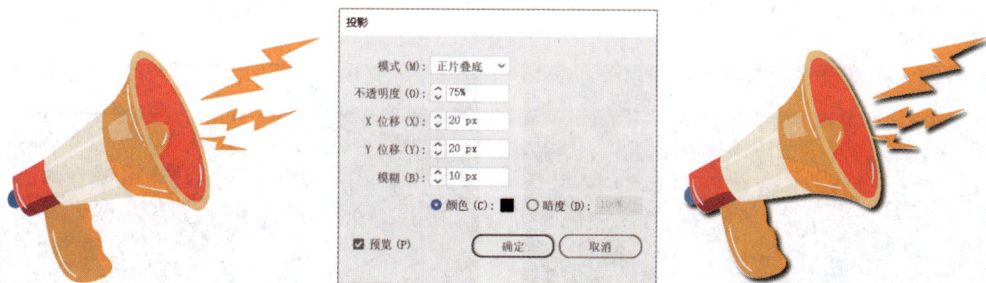

图7-7

采用相同的方法，可以为对象添加内发光、外发光、羽化以及涂抹效果，大家可以自行操作。

7.3.5　实战：绘制登录页面

本节介绍登录页面的绘制方法，通过为形状添加羽化、外发光效果，可以更改形状的显示效果，使其与页面背景更适合。具体的操作步骤如下。

01 导入本实例的"背景.png"素材，如图7-8所示。

02 选择"矩形工具"▢，绘制深蓝色（#163590）的矩形，如图7-9所示。

图7-8

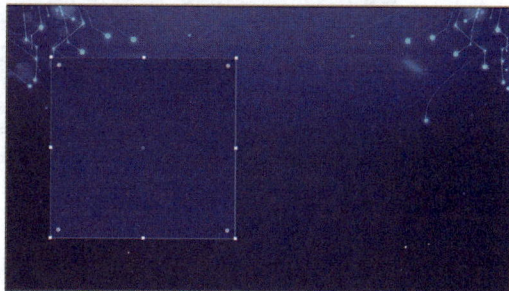

图7-9

03 选择矩形，执行"效果"→"风格化"→"外发光"命令，弹出"外发光"对话框，设置填充颜色、不透明度等参数，如图 7-10所示。

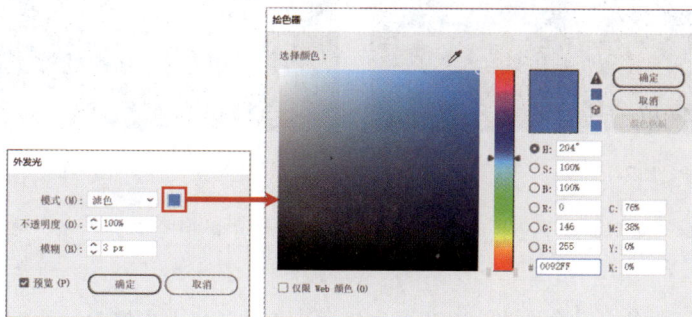

图7-10

04 单击"确定"按钮，为矩形添加外发光效果如图7-11所示。

05 导入"城市夜景.png"素材，调整尺寸，放置在矩形的右侧，如图7-12所示。

图7-11　　　　　　　　　　　　　　　图7-12

06 选择"矩形工具" ，在"城市夜景.png"素材上绘制深蓝色（#163590）的矩形，如图7-13所示。

07 选择矩形，执行"窗口"→"透明度"命令，弹出"透明度"面板，修改"不透明度"为30%，如图7-14 所示。修改矩形的不透明度后，为城市夜景图片蒙上一层淡蓝色，如图7-15所示。

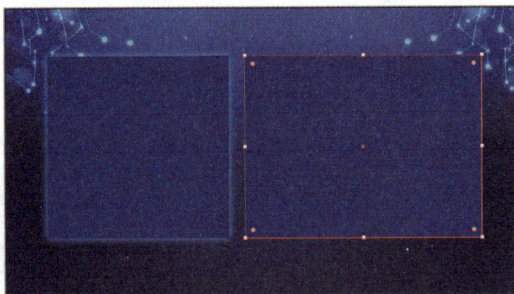 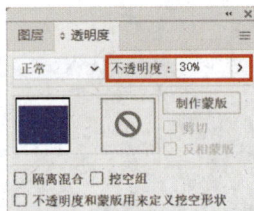

图7-13　　　　　　　　　　　　　　　图7-14

08 选择"文字工具" **T**，设置字体、字号与颜色，在左边矩形框中输入的文字如图7-16所示。

图7-15　　　　　　　　　　　　　　　图7-16

09 选择适合的工具，如"矩形工具" 、"直线段工具" 或者"钢笔工具" ，在文字的下方绘制形状，如图7-17所示。

10 选择"矩形工具" ，绘制蓝色（#0088FF）的矩形，在矩形的上方输入白色文字"登录"，如图7-18 所示。

11 导入手机、密码锁等符号图形，放置在文字的左侧，如图7-19所示。

图7-17 图7-18 图7-19

12 选择"文字工具" **T**，设置字体、字号与颜色，在城市夜景图片上输入文字，如图7-20所示。

13 选择"椭圆工具" ⬭，按住Shift键，绘制白色圆形，如图7-21所示。

14 选择圆形，执行"效果"→"风格化"→"羽化"命令，弹出"羽化"对话框并设置参数，如图7-22所示。

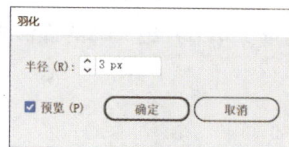

图7-20 图7-21 图7-22

15 选择圆形，执行"效果"→"风格化"→"外发光"命令，弹出"外发光"对话框，设置模式、填充色与不透明度等参数，如图7-23所示。单击"确定"按钮，为圆形添加效果，如图7-24所示。

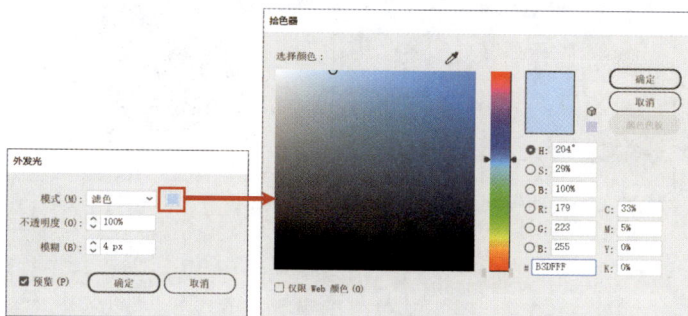

图7-23 图7-24

16 按住Alt键复制圆形，并适当地调整尺寸，登录页面的最终绘制效果如图 7-25所示。

图7-25

7.4 位图图形

通过为位图添加多种效果，如像素化、画笔描边以及素描等，可以更改位图的外观样式，适应多样化的设计需求。本节介绍具体的操作方法。

7.4.1 像素化

选择对象，执行"效果"→"像素化"→"彩色半调"命令，弹出"彩色半调"对话框，设置参数后单击"确定"按钮，即可为图形添加彩色半调效果，如图7-26所示。由于没有预览功能，在添加效果之前，先创建图形副本，如果对结果不满意，可以重新设置参数，或者按快捷键 Ctrl+Z 撤销效果，以便再次设置。

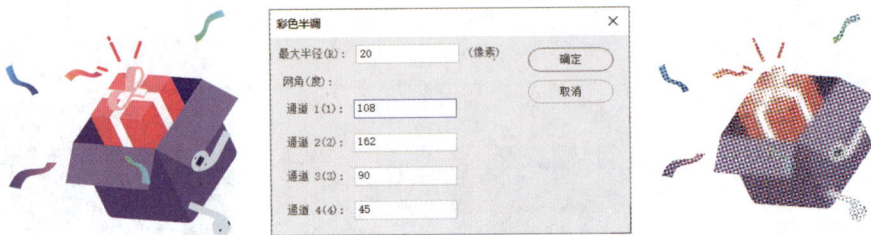

图7-26

7.4.2 画笔描边

选择对象，执行"效果"→"画笔描边"→"喷色描边"命令，弹出"喷色描边"对话框。在预览窗口中实时观察设置参数的效果，如图 7-27 所示。单击"确定"按钮，添加喷色描边效果如图 7-28 所示。

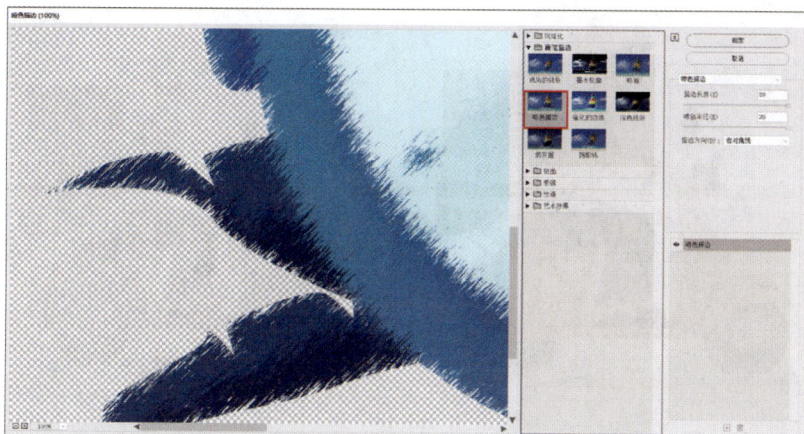

图7-27

图7-28

7.4.3　素描

选择对象，执行"效果"→"素描"→"铬黄"命令，弹出"铬黄渐变"对话框。在右上角设置参数，在预览窗口中观察实时效果，如图 7-29 所示。单击"确定"按钮，添加铬黄效果，如图 7-30 所示。

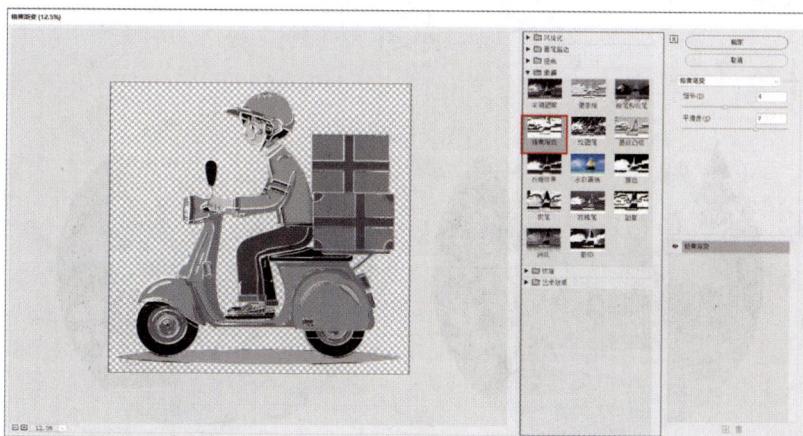

图7-29

图7-30

7.4.4　艺术效果

选择对象，执行"效果"→"艺术效果"→"海报边缘"命令，弹出"海报边缘"对话框。在右上角设置边缘参数，如图 7-31 所示。在预览窗口中查看添加海报边缘的效果，单击"确定"按钮，最终结果如图 7-32 所示。

图7-31

图7-32

7.4.5　实战：绘制金融网站首页

本节介绍金融网站首页的绘制方法，为页面中的图形添加纹理化和染色玻璃效果，使画面更具观赏性。具体操作步骤如下。

01 执行"文件"→"新建"命令，弹出"新建文档"对话框，设置参数如图7-33所示。单击"创建"按钮，新建一个空白文档。

02 导入本实例的"背景.png"素材，调整尺寸，放置在页面的上方，如图7-34所示。

03 选择"矩形工具" ▭，绘制浅蓝色（#517AFF）与深蓝色（#3866FD）的矩形，放置在页面的下方，如图7-35所示。

04 导入"城市.png"素材，放置在背景素材上，如图7-36所示。

　　图7-33　　　　　　图7-34　　　　　　图7-35　　　　　　　　　图7-36

05 执行"效果"→"效果画廊"命令，在弹出的对话框中选择"纹理化"选项，设置参数如图 7-37所示。

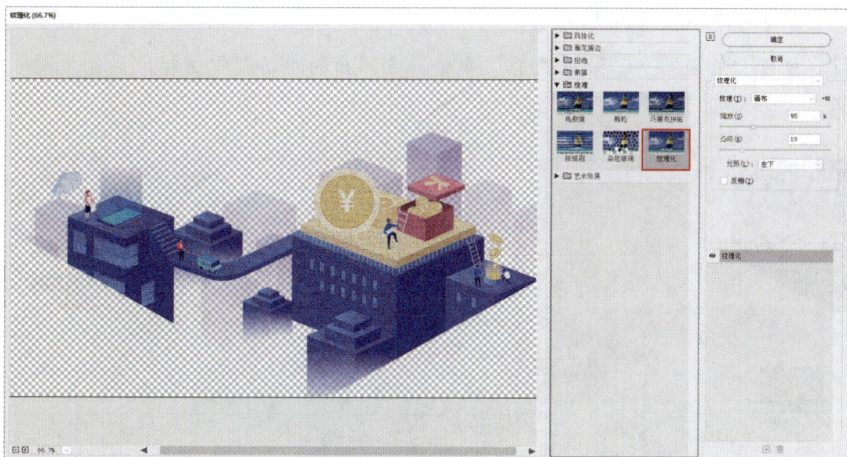

图7-37

06 单击"确定"按钮，为图形添加"纹理化"效果，如图7-38所示。

07 导入其他矢量素材，调整位置与尺寸，布局结果如图7-39所示。

图7-38　　　　　　　　　　　　　　　　图7-39

08 选择矢量素材，执行"效果"→"应用纹理化"命令，为素材添加"纹理化"效果，如图 7-40所示。

图7-40

09 导入底纹素材，放置在矢量素材的下方，如图7-41所示。

10 选择底纹素材，执行"效果"→"效果画廊"命令，在弹出的对话框中选择"染色玻璃"选项，设置参数如图7-42所示。

图7-41

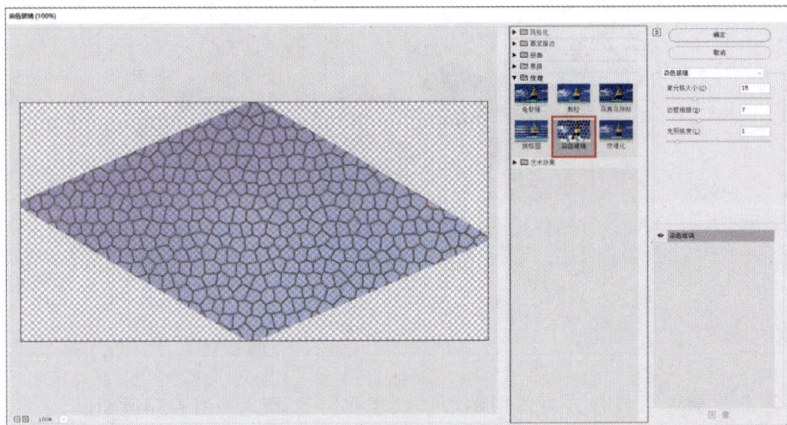

图7-42

11　单击"确定"按钮，为底纹添加"染色玻璃"效果，如图7-43所示。

12　使用"文字工具"**T**输入文字信息，使用"矩形工具"▢绘制矩形，金融网站首页的绘制效果如图7-44所示。

图7-43　　　　　　　　　图7-44

7.5　3D图形

利用 3D 工具，可以在平面图形、路径的基础上创建 3D 图形，还可以为 3D 图形添加各种材质，如布料材质、金属材质等，本节介绍具体的操作方法。

7.5.1　凸出/斜角

选择平面图形，执行"效果"→"3D 和材质"→"凸出和斜角"命令，调出"3D 和材质"面板，选择"对象"选项卡，设置选项参数，使平面图形转换为 3D 模型，如图 7-45 所示。若不了解各选项参数产生的效果，可以通过拖曳滑块，观察图形的变化效果。

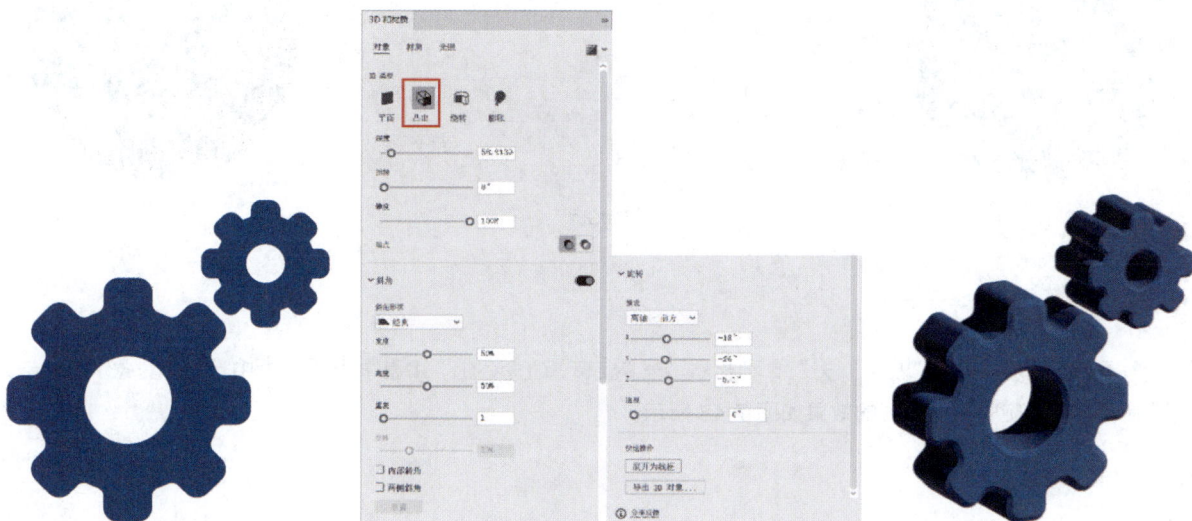

图7-45

7.5.2 绕转

利用"钢笔工具"绘制路径，选中该路径，执行"效果"→"3D 和材质"→"绕转"命令，在"3D 和材质"面板中选择"对象"选项卡，设置参数，路径经过绕转后生成 3D 模型，如图 7-46 所示，3D 模型的颜色与路径的颜色一致。

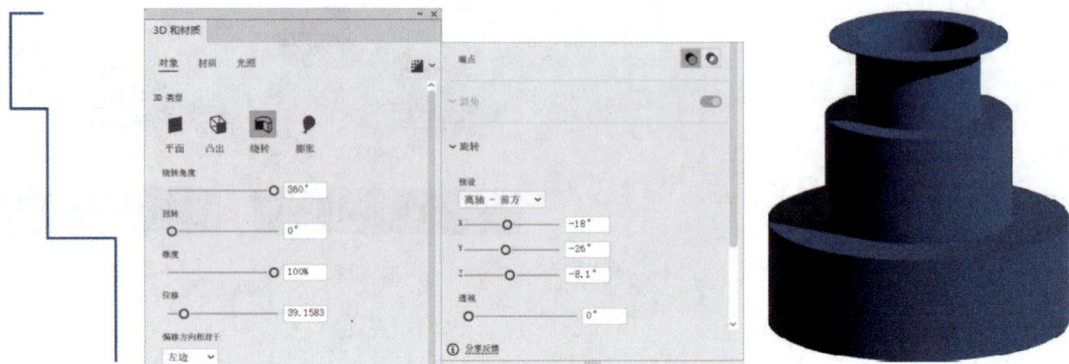

图 7-46

7.5.3 膨胀

选择平面图形，执行"效果"→"3D 和材质"→"膨胀"命令，在"3D 和材质"面板中选择"对象"选项卡，设置参数，在平面图形的基础上膨胀生成 3D 模型，如图 7-47 所示。

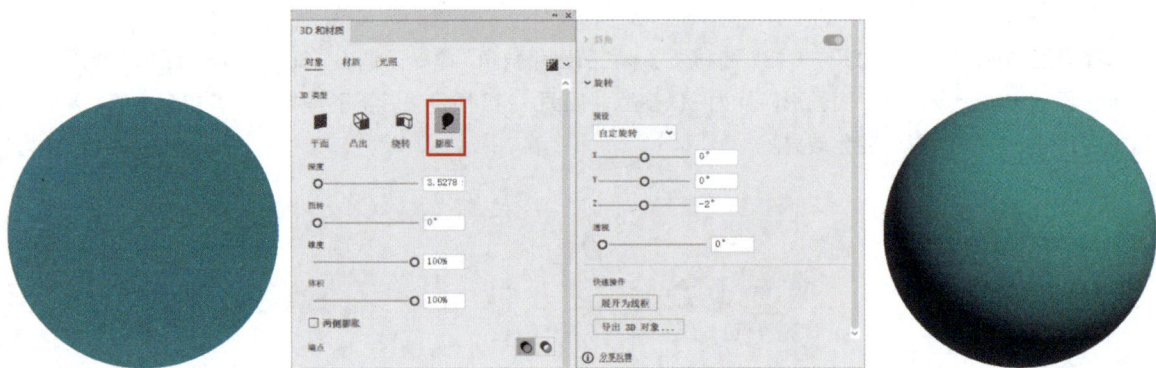

图 7-47

7.5.4 旋转

选择平面图形，执行"效果"→"3D 和材质"→"旋转"命令，在"3D 和材质"面板中选择"对象"选项卡，设置旋转参数，旋转平面图形的效果如图 7-48 所示。

7.5.5 材质

选择 3D 模型，在"3D 和材质"面板中选择"材质"选项卡，在其中选择材质，设置材质参数，为模型赋予材质的效果如图 7-49 所示。

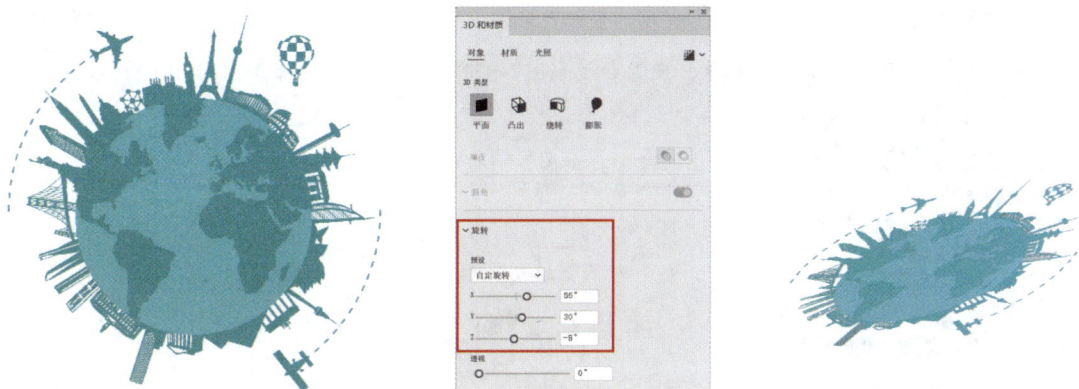

图7-48

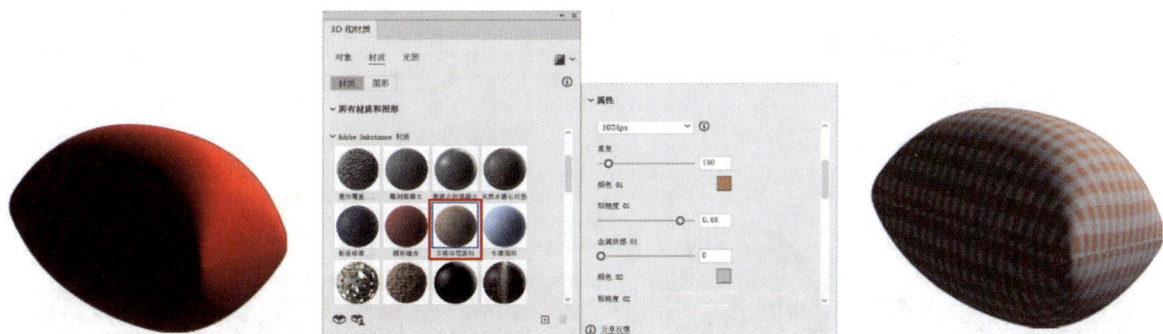

图7-49

7.5.6　实战：绘制网页流程按钮

本节介绍网页流程按钮的绘制方法，先绘制一个多边形，再为多边形添加 3D 效果和材质，使按钮富有质感。具体的操作步骤如下。

01 选择"多边形工具" ⬡，按住Shift键绘制八边形。选中八边形，执行"效果"→"3D和材质"→"凸出和斜角"命令，调出"3D和材质"面板，选择"对象"选项卡，设置参数如图 7-50所示。

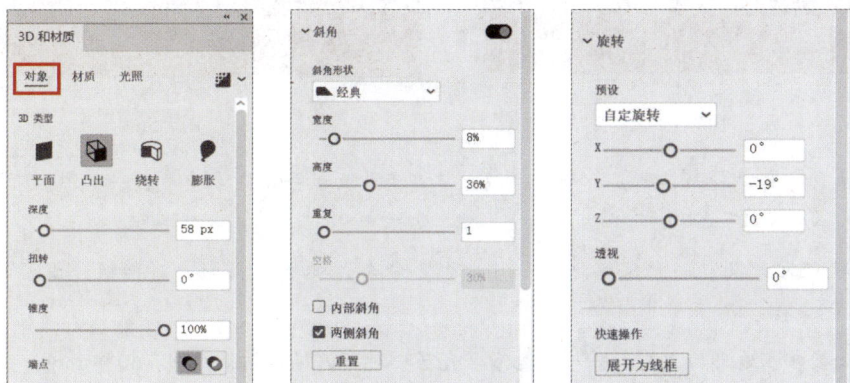

图7-50

02 进入"材质"选项卡，选择"厚板纸"材质，如图7-51所示。

03 进入"光照"选项卡，选择右侧光源，设置参数如图7-52所示。为八边形添加3D属性和材质的效果如图7-53所示。

04 选择"矩形工具" ▭，绘制任意填充色的矩形，如图7-54所示。

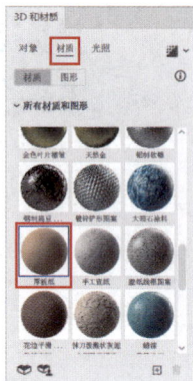

图7-51

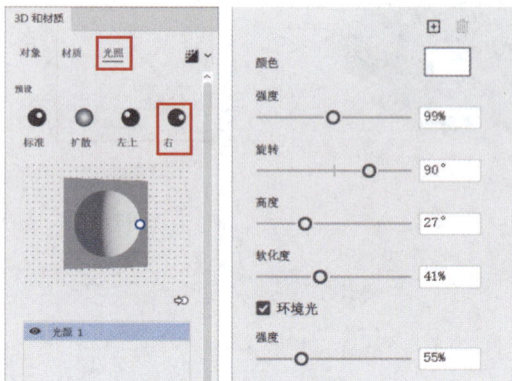

图7-52

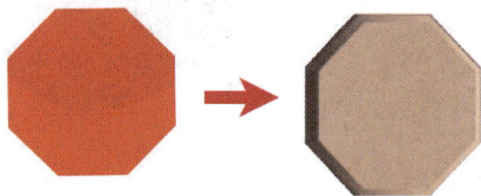

图7-53

图7-54

05 选择"添加锚点工具" ✒，在矩形的右边线中点单击，添加锚点，如图7-55所示。

06 单击"直接选择工具"按钮 ▷，选择新增锚点并向左移动，如图7-56所示。

图7-55

图7-56

07 选择矩形，执行"窗口"→"渐变"命令，调出"渐变"面板并设置渐变参数，如图7-57所示。为矩形添加渐变填充的效果如图7-58所示。

08 选择矩形，执行"效果"→"风格化"→"投影"命令，弹出"投影"对话框，设置的参数如图7-59所示。

09 移动矩形，放置在多边形的右侧，并与多边形垂直居中对齐，操作结果如图7-60所示。

10 选择多边形，执行"效果"→"风格化"→"投影"命令，在"投影"对话框中更改"Y位移"参数，如图7-61所示。

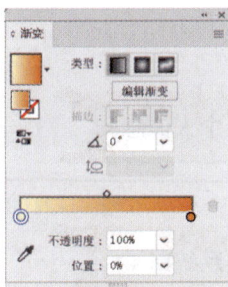

图7-57

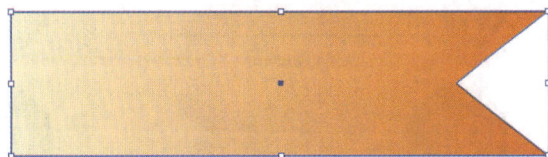

图7-58

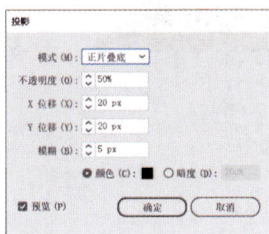

图7-59

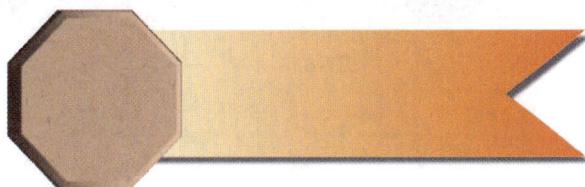

图7-60

11 单击"确定"按钮关闭对话框，为多边形添加投影的结果如图7-62所示。

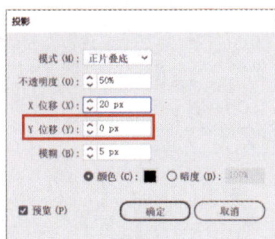

图7-61

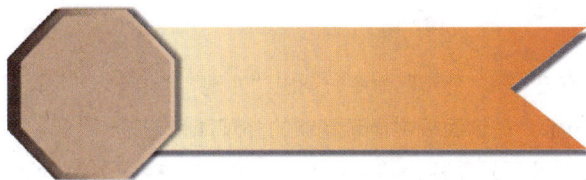

图7-62

12 重复上述操作，继续绘制形状，并为其添加效果，如图7-63所示。

13 选择"文字工具" **T**，在八边形上输入数字。选择数字，执行"效果"→"风格化"→"投影"命令，在"投影"对话框中设置参数，如图7-64所示。为文字添加投影的结果如图7-65所示。

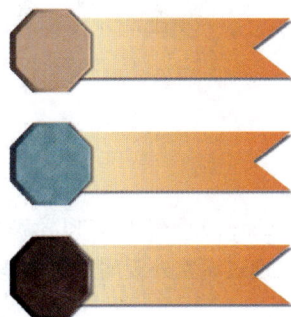

图7-63

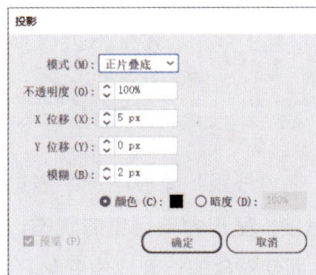

图7-64

14 继续在矩形上输入文字，网页流程按钮的制作结果如图7-66所示。

图7-65

图7-66

7.6 设置外观属性

在"外观"面板中会显示所选对象的外观属性，如填色、描边及不透明度等。通过修改外观属性堆栈顺序，可以更改对象的外观样式。本节介绍具体的操作方法。

7.6.1 "外观"面板

执行"窗口"→"外观"命令，调出"外观"面板，如图 7-67 所示。在该面板中显示默认的外观属性包括描边、填色以及不透明度。选中对象后，在该面板中显示对象的所有外观属性。

单击"外观"面板右上角的菜单按钮 ≡，在弹出的菜单中选择相应的选项，可以新增或删除外观属性。单击该面板下方的"添加新效果"按钮 fx.，在弹出的菜单中选择相应选项，为对象添加外观效果。单击外观属性前的眼睛图标 ◉，可以隐藏或显示对象属性。

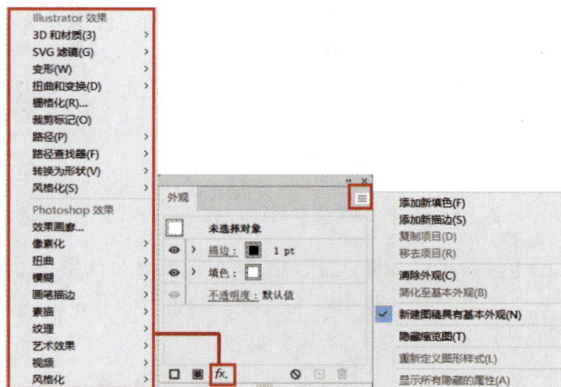

图7-67

7.6.2 调整外观属性的堆栈顺序

选择爆炸图形，在"外观"面板中选中描边属性，按住鼠标左键并向下拖曳，将其放在填色属性的下方。此时，描边被填色遮挡，呈现为不可见的状态，如图 7-68 所示。通过调整外观属性的堆栈顺序，可以使选中的属性暂时隐藏，从而使对象的外观发生变化。

图7-68

7.6.3 实战：绘制招聘网页Banner

本节介绍招聘网页 Banner 的绘制方法，先绘制形状，再为形状添加填充与样式效果，在"外观"面板中显示选中形状所包含的外观属性。具体的操作步骤如下。

01 执行"文件"→"新建"命令，弹出"新建文档"对话框。设置参数如图7-69所示，单击"创建"按钮新建一个空白文档。

02 选择"矩形工具"，绘制与画布同等大小的深蓝色（#3521F6）的矩形，如图7-70所示。

图7-69

图7-70

03 选择"钢笔工具"，指定锚点绘制形状。执行"窗口"→"渐变"命令，调出"渐变"面板，在其中设置填充参数，如图7-71所示。为形状添加渐变填充的效果如图7-72所示。

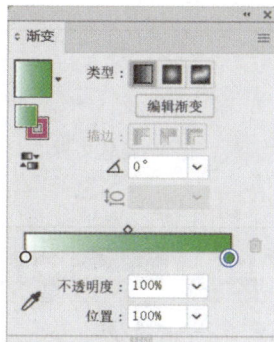

图7-71

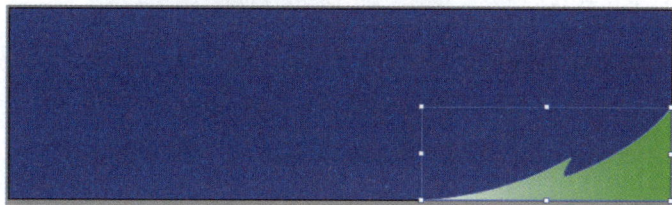

图7-72

04 重复上述操作，继续使用"钢笔工具" 🖊 绘制形状，并为形状填充颜色，如图7-73所示。大家可以自行决定填充的类型，渐变填充或纯色填充，还可以更改不透明度，使填充呈现半透明的效果。

05 选择最前面的蓝色形状，执行"窗口"→"外观"命令，调出"外观"面板。单击该面板左下角的"添加新效果"按钮 *fx*，在弹出的菜单中选择"像素化"→"点状化"选项，弹出"点状化"对话框，设置参数如图7-74所示。为形状添加的点状化效果如图7-75所示。

图7-73

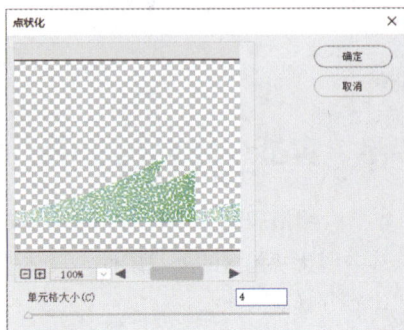

图7-74

06 继续使用"钢笔工具" 🖊，在画布的左侧绘制形状，如图7-76所示。

图7-75

图7-76

07 为新绘制的形状填充橙色渐变，如图7-77所示。

08 选择形状，单击"外观"面板左下角的"添加新效果"按钮 *fx*，在弹出的菜单中选择"扭曲和变换"→"自由扭曲"选项，弹出"自由扭曲"对话框。在其中调整锚点，更改形状的外观，如图7-78所示，单击"确定"按钮关闭对话框。

图7-77

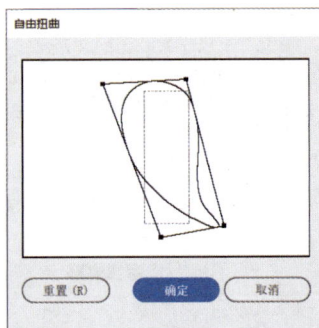

图7-78

09 单击"外观"面板左下角的"添加新效果"按钮 *fx*，在弹出的菜单中选择"扭曲和变换"→"波纹效果"

选项，弹出"波纹效果"对话框并设置参数，如图7-79所示。

10 在"外观"面板中为形状添加白色描边，最终效果如图7-80所示。

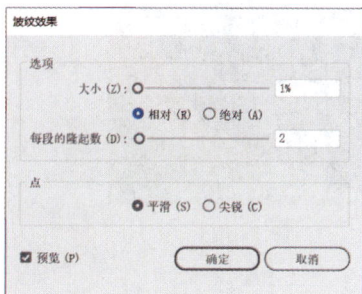

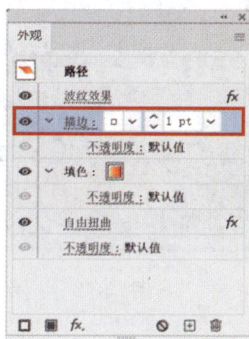

图7-79　　　　　　　　　　　　　　　　　图7-80

11 选择"矩形工具" ▭，绘制矩形，为矩形填充绿色渐变，如图7-81所示。将矩形放置在画布的左上角，如图7-82所示。

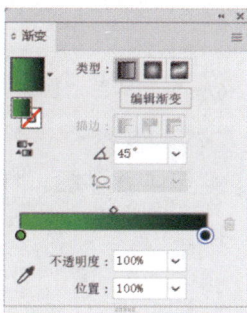

图7-81　　　　　　　　　　　　　　图7-82

12 选择矩形，单击"外观"面板左下角的"添加新效果"按钮 *fx.* ，在弹出的菜单中选择"风格化"→"内发光"选项，弹出"内发光"对话框并设置参数，如图7-83所示。单击"确定"按钮关闭对话框，为矩形添加内发光效果，如图7-84所示。

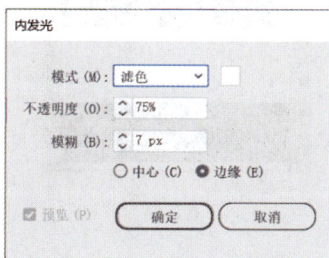

图7-83　　　　　　　　　　　　　图7-84

13 使用"圆角矩形工具" ▣ 绘制圆角矩形按钮，使用"文字工具" T 输入文字信息，招聘网站Banner的绘制结果如图 7-85所示。

图7-85

7.7 课后习题：绘制电商详情页

本节介绍电商详情页的绘制方法，内容包括为背景添加艺术化效果、绘制3D图形、为文字添加发光效果等。具体的操作步骤如下。

01 执行"文件"→"新建"命令，弹出"新建文档"对话框。设置参数如图7-86所示，单击"创建"按钮，新建一个空白文档。

02 按快捷键Ctrl+R，显示标尺。从标尺上拖出多条水平参考线。选择"矩形工具" ▣，绘制深色（#141824）的矩形，如图7-87所示。

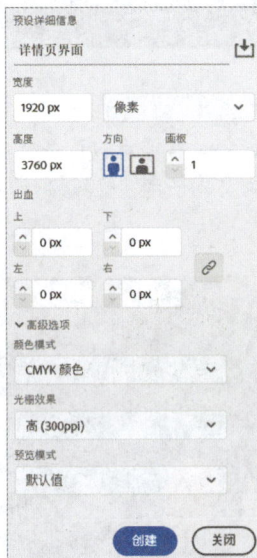

图7-86

图7-87

03 选择最上面的矩形，执行"效果"→"效果画廊"命令，在弹出的对话框中选择"粗糙蜡笔"效果选项并设置参数，如图7-88所示。

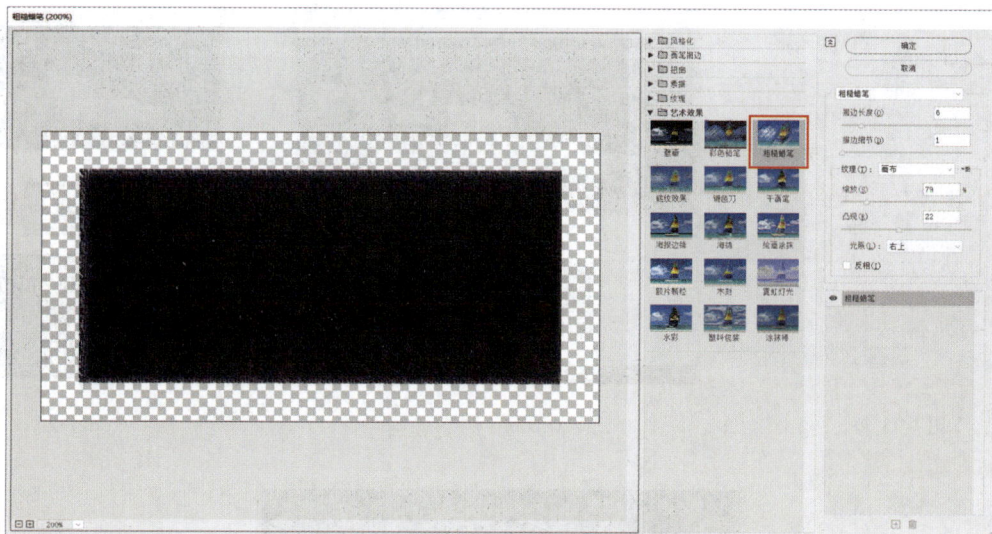

图7-88

04 单击"确定"按钮关闭对话框，为图形添加粗糙蜡笔效果，如图7-89所示。

05 选择第二个矩形，执行"效果"→"应用粗糙蜡笔"命令，为其添加效果，如图7-90所示。

06 导入"家具1.png"和"家具2.png"素材，调整尺寸与位置并放置在合适位置，如图7-91所示。

07 选择"矩形工具" ▨ ，绘制红色（#DE372F）的矩形，如图7-92所示。

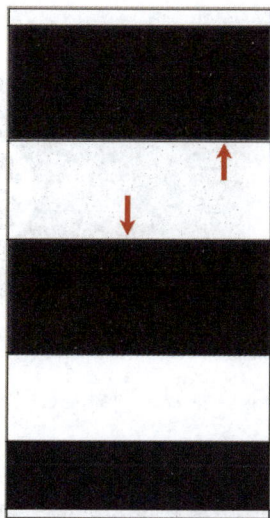

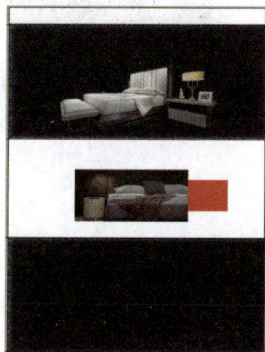

图7-89　　　　　　　图7-90　　　　　　　图7-91　　　　　　　图7-92

08 选择矩形，执行"风格化"→"涂抹"命令，弹出"涂抹选项"对话框。在"设置"下拉列表中选择"波纹"选项，其他参数设置如图7-93所示。单击"确定"按钮，为矩形添加波纹效果，如图7-94所示。

09 选择"文字工具" **T** ，设置字体、字号以及颜色，输入数字，如图7-95所示。

10 选择"椭圆工具" ⬭ ，设置描边颜色为白色，描边粗细为1pt，绘制的椭圆如图7-96所示。

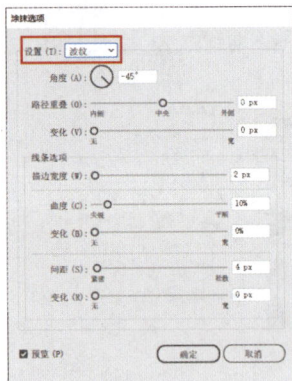

图7-93

图7-94

图7-95

图7-96

11 选择"添加锚点工具" ，在椭圆路径上添加锚点，如图7-97所示。

12 单击"直接选择工具"按钮 ，选择椭圆上的锚点，按Delete键将其删除，编辑结果如图7-98所示。

图7-97

图7-98

13 执行"窗口"→"透明度"命令，调出"透明度"面板。选择椭圆路径，设置"不透明度"为24%，如图7-99所示。

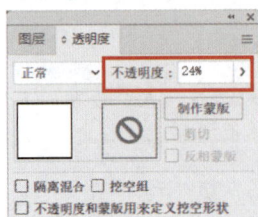

图7-99

14 选择"椭圆工具" 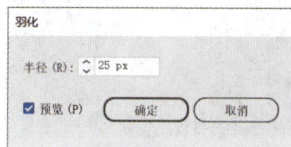，绘制白色椭圆，如图7-100所示。选中椭圆，执行"效果"→"风格化"→"羽化"命令，弹出"羽化"对话框并设置半径值，如图7-101所示。

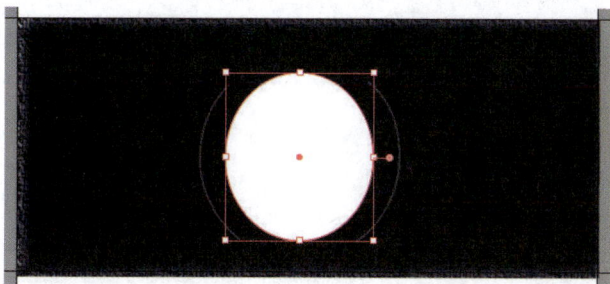

图7-100

图7-101

15 单击"确定"按钮关闭对话框，羽化效果如图7-102所示。

16 选择椭圆，执行"效果"→"高斯模糊"命令，弹出"高斯模糊"对话框，设置参数如图7-103所示。

图7-102

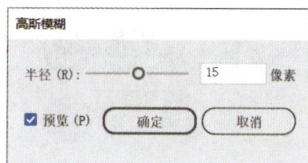

图7-103

17 单击"确定"按钮，添加高斯模糊的效果如图7-104所示。

18 选择椭圆，在"透明度"面板中设置"不透明度"为25%，如图7-105所示。

图7-104

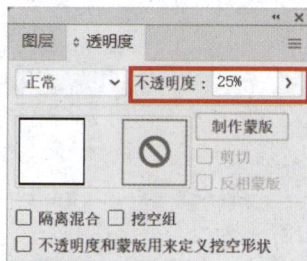

图7-105

19 将椭圆放置在文字下方，模拟发光效果，如图7-106所示。

20 选择"椭圆工具" 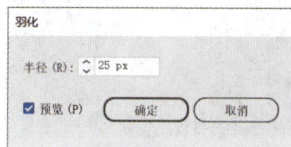，按住Shift键，绘制任意填充色的圆形。选择圆形，执行"效果"→"3D和材质"→"凸出和斜角"命令，在调出的"3D和材质"面板中设置相应参数，如图7-107所示。

21 切换至"材质"选项卡，选择"金色叶片褶皱"材质，如图7-108所示。

图7-106

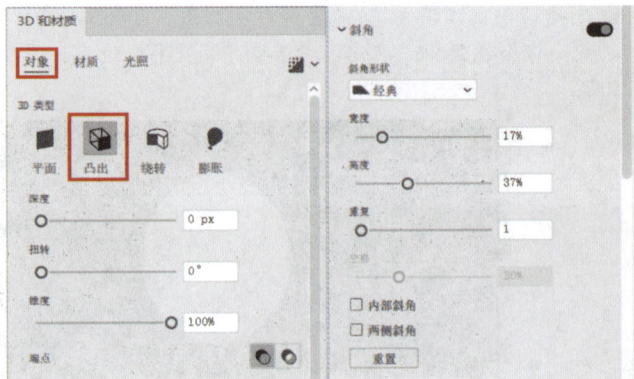

图7-107

22 切换至"光照"选项卡，选择右侧光源，设置参数如图7-109所示。绘制3D按钮的结果如图7-110所示。

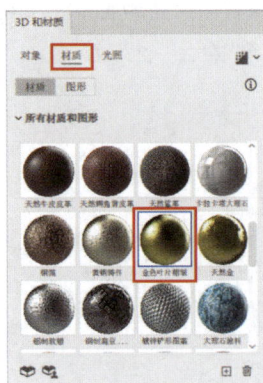

图7-108

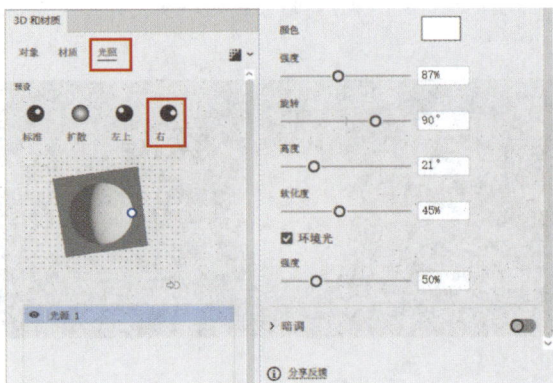

图7-109

23 选择3D按钮，按住Alt键移动复制，如图7-111所示。

图7-110

图7-111

24 重复上述操作，继续绘制其他图形，如图7-112所示。

25 选择"文字工具" T ，输入文字。复制图像，放置在下方的深色矩形之上。电商详情页绘制完成，如图7-113所示。

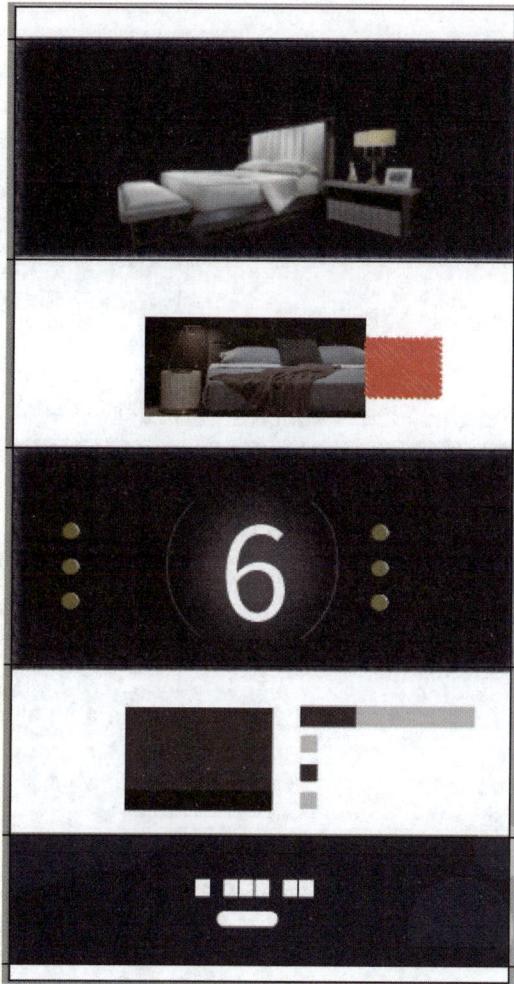

图7-112

图7-113

第 8 章

包装设计：符号与图表

　　包装设计涵盖图形符号与参数图表等内容，通常可以借助 Illustrator 中的符号工具和图表工具来进行绘制。在该软件中，用户不仅可以直接调用系统预设的符号，还能将指定的图形添加到符号库中，以便随时取用。Illustrator 提供了多种不同类型的图表，能够充分满足各类包装设计的实际需求。本章将详细介绍相关的操作方法。

8.1　什么是包装设计

　　包装设计是针对商品开展的容器结构造型设计以及外观包装的美化装饰设计工作。它具备多个关键要素，例如信息传达清晰、具有较强可读性；装饰图案美观大方且富有创意；商标形象鲜明突出，能给人留下深刻印象，同时清晰呈现商品主要的功能特点说明等。图 8-1 所示为礼盒与手提袋的包装设计效果。

图8-1

8.2　Illustrator 2025在包装设计中的应用

　　在 Illustrator 中，借助各类绘图与编辑工具，用户能够轻松、高效地完成多种类型包装设计的制作。包装设计通常会运用到各类符号、图案以及文字元素，用户既可以自行绘制这些元素，也能导入外部素材，或者启用 Illustrator 自身提供的丰富资源。

　　在 Illustrator 的"符号"面板中，存储着多种类型的符号，用户可以直接调用以满足设计需求。在章末的习题环节，可以利用"污点矢量包"中的符号来模拟牛奶飞溅的痕迹，如此便能节省绘制形状以及寻找素材的时间。此外，借助图表工具，可以根据信息内容选择合适的图表类型，同时还能对图表进行美化处理，使其成为包装设计装饰的一部分。

8.3 符号的运用

在"符号"面板中显示符号的缩略图，使用符号工具即可在图稿中创建符号。用户可以从符号库中选择符号，或者将图案自定义为符号。本节介绍具体的操作方法。

8.3.1 "符号"面板

执行"窗口"→"符号"命令，调出"符号"面板。在"符号"面板中将鼠标指针放在符号缩略图上，在鼠标指针的右下角显示图案的名称，单击可以选中图案。单击"符号"面板右上角的菜单按钮，在弹出的菜单中选择选项，执行新建符号、删除符号以及编辑符号等操作。单击该面板左下角的"符号库"按钮，在弹出的菜单中显示各种类型的符号库，如图 8-2 所示。选择其中一项，调出对应的符号库面板。

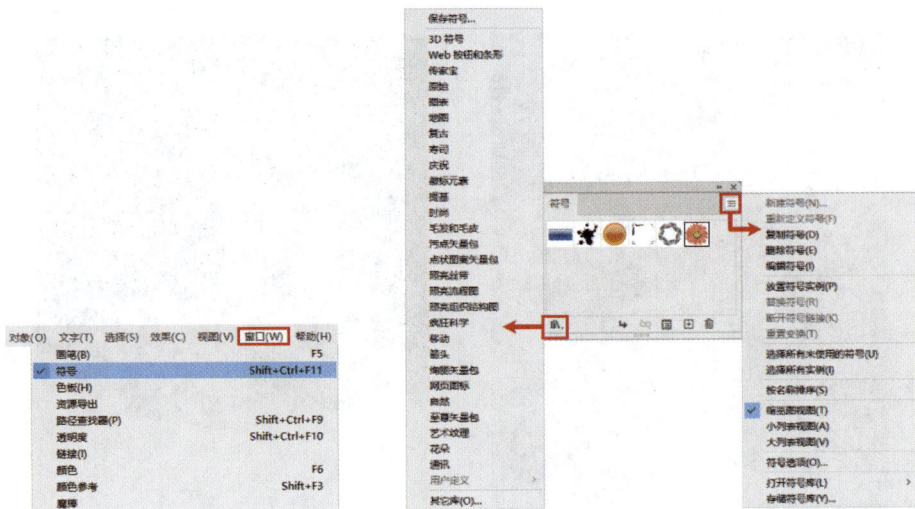

图8-2

8.3.2 符号库面板

在符号库菜单中选择"庆祝"选项，调出"庆祝"面板。在该面板中显示与庆祝主题相关的符号，如图 8-3 所示。重复同样的操作，打开其他符号库面板，如图 8-4 所示。符号库面板中的符号都是系统默认提供的，用户可以将图形添加到符号库面板中，方便随时调用。

图8-3

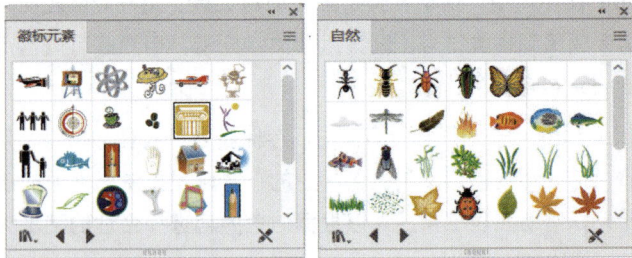

图8-4

8.3.3　新建符号

选择图形，在"符号"面板中单击"新建符号"按钮⊞，弹出"符号选项"对话框。输入符号名称并设置其他参数选项，单击"确定"按钮即可创建符号。在"符号"面板中显示新建符号的结果，如图 8-5 所示。

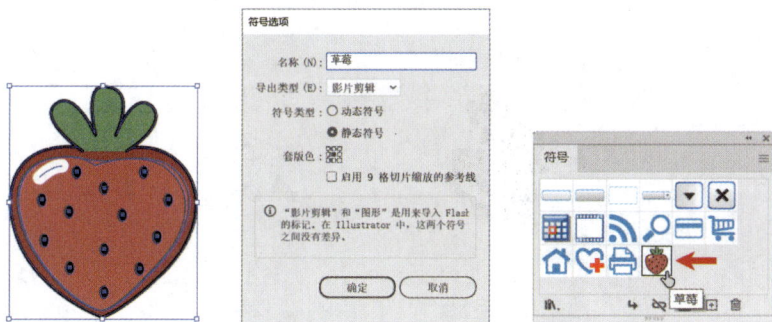

图8-5

8.3.4　认识符号工具

单击"符号喷枪工具"按钮🔲右下角的三角形符号，在弹出列表中显示其他类型的符号工具，如图8-6所示。选择"符号喷枪工具"🔲，按住鼠标左键并在画布上滑过，符号沿鼠标指针路径分布，如图8-7所示。

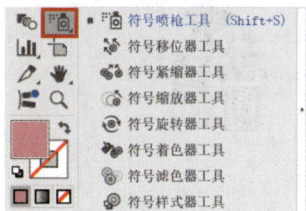

图8-6

图8-7

选择"符号移位器工具"🔲，单击选择要移动的符号，按住鼠标左键并拖曳，将符号移至指定的位置，操作结果如图 8-8 所示。其他的符号工具也可以对选中的符号执行编辑操作，请大家自行练习。

图8-8

8.3.5　实战：绘制包装盒上的花纹

本节介绍从"符号"面板中选择符号为中秋礼盒绘制装饰图案的方法。可以将导入的祥云素材创建成符号，方便随时调用。

01 在Illustrator中打开"正面.jpg"素材，如图8-9所示。

02 执行"窗口"→"符号"命令，调出"符号"面板。在该面板的左下角单击"符号库"按钮 ，在弹出的菜单中选择"绚丽矢量包"选项，打开与之对应的面板，在其中选择符号，如图8-10所示。

图8-9 图8-10

03 将符号拖放至画布中，调整位置与尺寸，并更改填充颜色为金色（#F5B319），如图8-11所示。

04 选择符号，按住Alt键移动复制，调整符号的角度，放置结果如图8-12所示。

图8-11 图8-12

05 打开"祥云.png"素材，调整位置与尺寸，并放置在文字和印章的下方，如图8-13所示。

06 选择祥云，在"符号"面板中单击"新建符号"按钮 ，在弹出的"符号选项"对话框中设置符号名称，如图8-14所示。

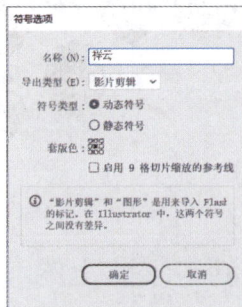

图8-13 图8-14

07　单击"确定"按钮即可完成新建符号的操作，如图8-15所示。

08　参考上述操作方法，继续为包装盒侧面与顶面绘制装饰图案，如图8-16和图8-17所示。将绘制完毕的包装
　　设计图附着在礼盒上，查看设计效果，如图8-18所示。

图8-15

图8-16

图8-17

图8-18

8.4　图表的运用

　　图表的常见类型涵盖柱形图、堆积柱形图、条形图、折线图等。用户调用图表工具，即可轻松绘制所需图表。借助图表编辑工具，能够对已绘制完成的图表进行再次编辑，例如修改图表类型以及数据内容。本节将详细介绍相关操作方法。

8.4.1　创建图表

　　单击"柱形图工具"按钮 ▥ 右下角的三角形符号，在弹出的列表中显示各种符号工具，如图 8-19 所示。选择其中一种，如"柱形图工具" ▥，在画布中单击，弹出"图表"对话框。设置尺寸参数后单击"确定"按钮，在弹出的数据对话框中输入数据，如图 8-20 所示。

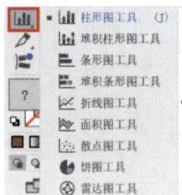
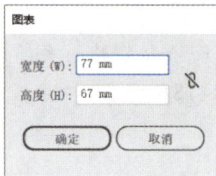

图8-19　　　　　　　　　图8-20

在数据对话框中单击"单元格样式"按钮 ⊟ ，弹出"单元格样式"对话框，在其中设置小数位数以及表列的宽度值，如图 8-21 所示，单击"确定"按钮完成设置，再单击"应用"按钮 ✓ 即可创建图表，如图 8-22 所示。

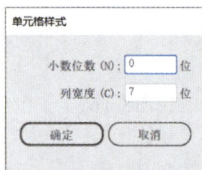
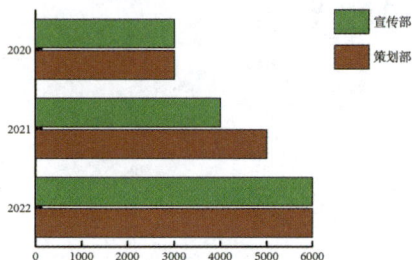

图8-21　　　　　　　　　图8-22

8.4.2　实战：绘制零食包装配料表

本节介绍绘制零食包装配料表的方法，选择图表的类型为饼图，成分的含量使用百分比来表示。本节介绍图表的画法，美化图表的方法在 8.4.4 小节介绍。

01 新建一个文档，双击"饼图工具"按钮 ⬤ ，在弹出的"图表类型"对话框中设置参数，如图8-23所示。

02 单击"确定"按钮，弹出"图表"对话框，在其中设置参数，如图8-24所示。

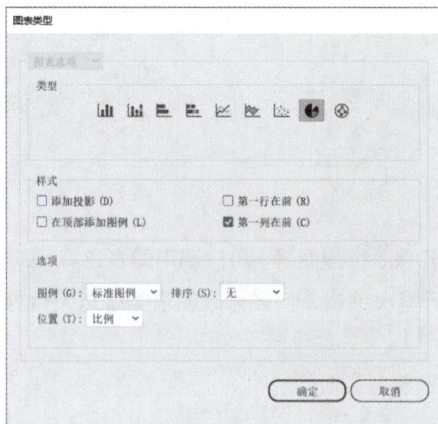
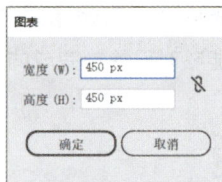

图8-23　　　　　　　　　图8-24

03 单击"确定"按钮，在弹出的数据对话框中输入数据，如图8-25所示。

04 单击"应用"按钮 ✓ ，创建饼图的结果如图8-26所示。

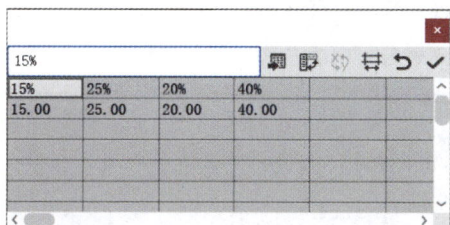

图8-25

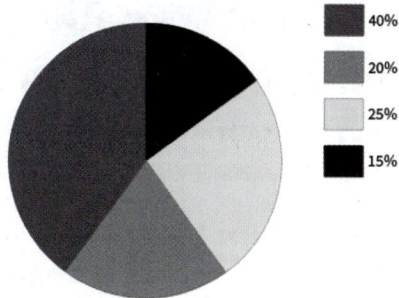

图8-26

8.4.3　编辑图表

选择图表，执行"对象"→"图表"→"类型"命令，弹出"图表类型"对话框。在该对话框中选择图表类型，并设置图表样式参数。单击"确定"按钮，更改图表类型的结果如图 8-27 所示。

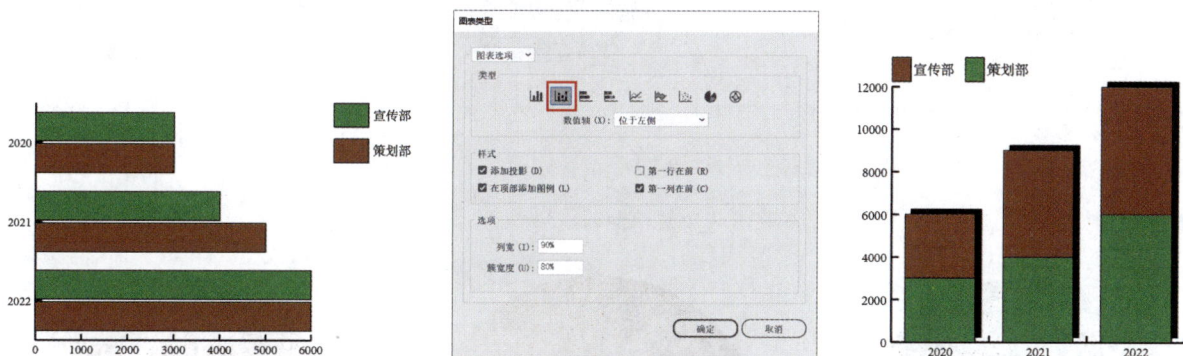

图8-27

在"图表类型"对话框的左上角选择"数值轴"和"类别轴"选项，分别显示对应的参数设置，如图 8-28 所示。修改刻度值、刻度线等选项参数，重定义图表的显示方式。执行"对象"→"图表"→"数据"命令，弹出数据对话框，在其中重新编辑图表中的数据。

图8-28

8.4.4　实战：美化零食包装配料表

本节介绍美化配料表的方法，包括修改填充颜色、添加标注文字，在8.4.2小节的操作结果上进行。

01 打开在8.4.2小节中创建的饼图，如图8-29所示，将右上角的图例删除，只保留饼图。

02 单击"直接选择工具"按钮 ▷，选择待编辑的形状，如图8-30所示。

03 执行"窗口"→"外观"命令，调出"外观"面板。关闭"描边"选项，单击填色色块，在弹出的列表中选择颜色，如图8-31所示。更改形状和颜色的结果如图8-32所示。

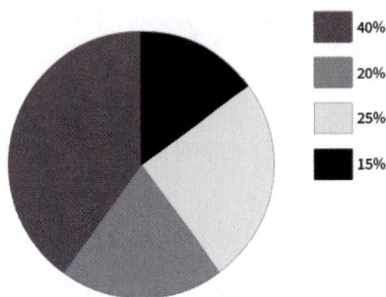
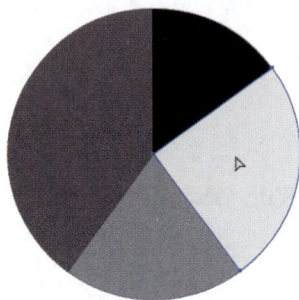
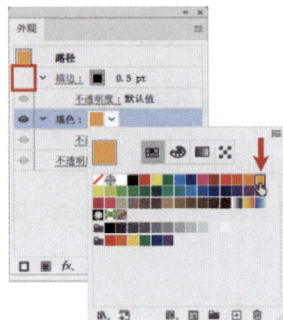

图8-29　　　　　　　　　图8-30　　　　　　　　　图8-31

04 重复操作，继续修改其他形状的颜色，如图8-33所示。

05 利用"文字工具" **T**，输入成分名称以及含量，如图8-34所示。

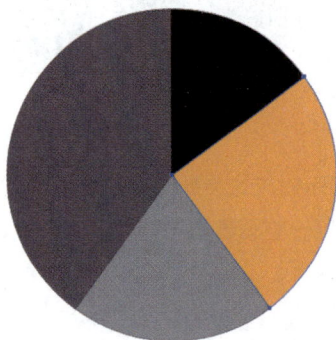
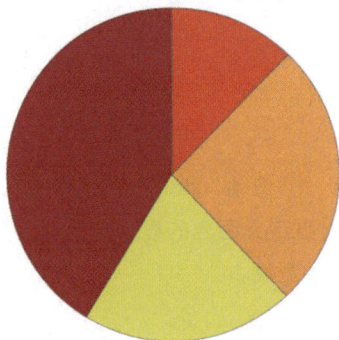
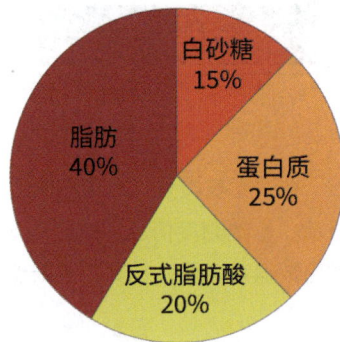

图8-32　　　　　　　　　图8-33　　　　　　　　　图8-34

8.5　课后习题：绘制牛奶包装设计

本节介绍牛奶包装设计的制作方法。在纯色背景上添加污点符号，模拟牛奶滴落的痕迹。为了方便将包装设计的效果附着到样机上进行展示，将超出顶面的部分形状遮挡。具体的操作步骤如下。

01 执行"文件"→"新建"命令，在打开的"新建文档"对话框中设置尺寸参数，如图8-35所示，单击"创建"按钮即可新建一个空白文档。

02 按快捷键Ctrl+R显示标尺，从标尺中拖出参考线，如图8-36所示。

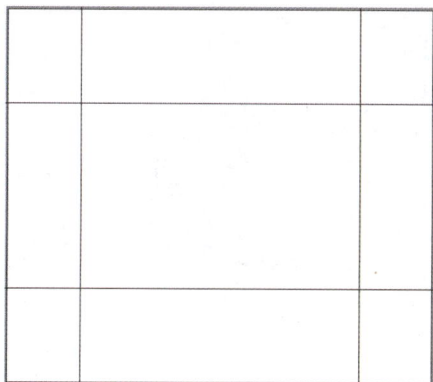

图8-35　　　　　　　　　　　　　图8-36

03 选择"矩形工具" 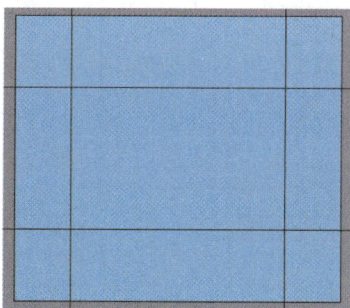 绘制填充色为蓝色（#8FD3F0）的矩形，如图8-37所示。

04 执行"窗口"→"符号"命令，调出"符号"面板。单击该面板左下角的"符号库"按钮 ，在弹出的列表中选择"污点矢量包"选项，调出"污点矢量包"面板，选择需要使用的符号，如图8-38所示。

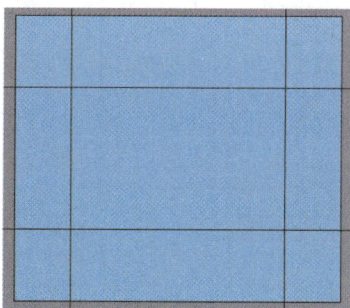
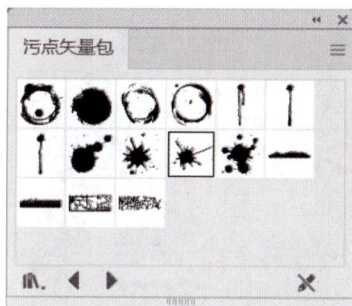

图8-37　　　　　　　　　　　　　图8-38

05 单击选中符号并将其拖至画布中，调整符号的位置与尺寸，更改填充色为白色，如图8-39所示。

06 选择"画笔工具" ，设置颜色为深蓝色（#429CC6），调整笔刷至合适尺寸，绘制文字如图8-40所示。

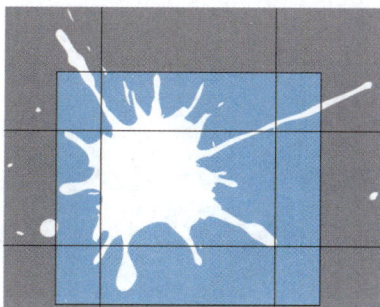

图8-39　　　　　　　　　　　　　图8-40

07 使用"文字工具" T ，选择字体、字号以及颜色，并输入商品信息，如图8-41所示。

08 导入二维码、奶牛标记等素材，调整尺寸与位置，如图8-42所示。

图8-41　　　　　　　　　　　　　　　图8-42

09 选择"矩形工具" ▭，绘制3个填充色为蓝色（#8FD3F0）的矩形，覆盖部分白色的污点符号形状，如图8-43所示。

10 执行"文件"→"导出"→"导出为"命令，弹出"导出"对话框。设置名称与存储路径，选中"使用画板""全部"复选框，如图8-44所示。

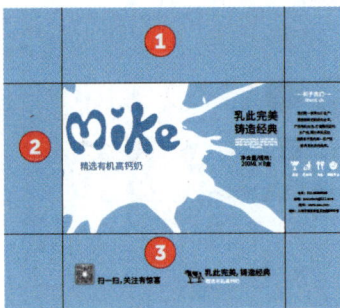
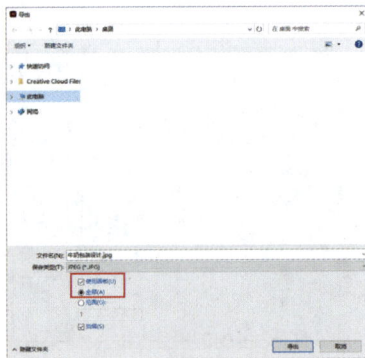

图8-43　　　　　　　　　　　　　　　图8-44

11 单击"导出"按钮，弹出"JPEG选项"对话框，设置参数如图8-45所示。单击"确定"按钮，即可导出文件。将包装设计的结果附着在样机上展示，最终结果如图8-46所示。

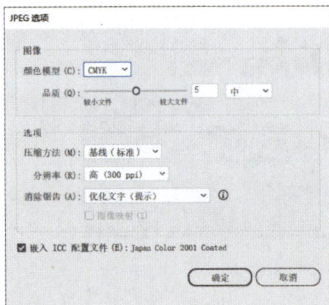

图8-45　　　　　　　　　　　　　　　图8-46

第 9 章

文件输出：动作与导出

　　本章将详细介绍"动作"面板、"切片工具"的使用方法，以及输出文件的相关操作。"动作"面板能够记录用户的绘图与编辑过程，可以根据实际需求添加、删除或编辑动作，确保动作执行结果符合使用要求。"切片工具"可以对图像进行切割操作，便于用户提取图像中指定区域的内容。输出文件的方式多样，可以输出为常见的图像格式（如 JPEG、PNG 等）、PDF 格式以及 PSD 格式等。

9.1　"动作"面板

　　在"动作"面板中创建动作，可以对绘图、编辑等操作过程进行记录。选择相应动作并播放后，系统将自动执行该动作所包含的一系列操作，从而实现图形的绘制或编辑。本节将详细介绍相关操作方法。

9.1.1　关于"动作"面板

　　执行"窗口"→"动作"命令，调出"动作"面板，展开"默认 _ 动作"集，显示系统默认的动作。单击"播放当前所选动作"按钮 ▶，即可播放所选动作。单击右上角的菜单按钮 ☰，在弹出的菜单中选择相应选项，可以执行新建或删除动作等操作，如图 9-1 所示。

　　单击"动作"面板右下角的"创建新动作集"按钮 ▣，弹出"新建动作集"对话框。设置名称，单击"确定"按钮新建动作集，如图 9-2 所示。

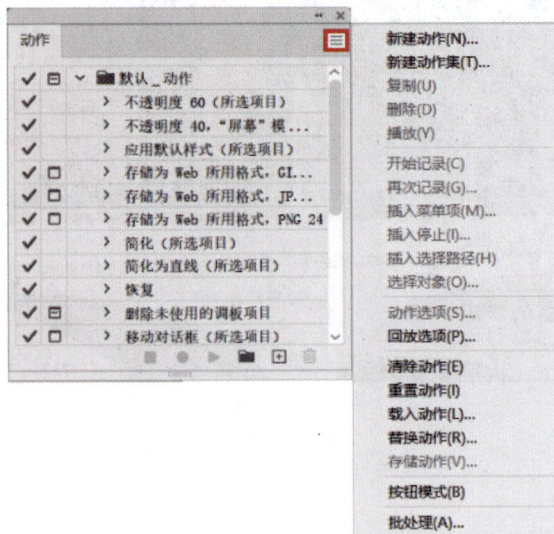

图9-1

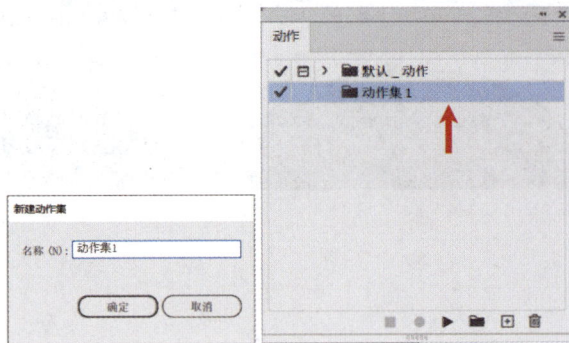

图9-2

9.1.2　创建动作

　　选择动作集 1，单击"动作"面板右下角的"创建新动作"按钮 ⊞，弹出"新建动作"对话框。设置动作名称，单击"记录"按钮，系统开始进入记录状态。用户执行的一系列操作都会被记录下来，操作完成后单击"停止播放 / 记录"按钮 ■，结束记录，如图 9-3 所示。

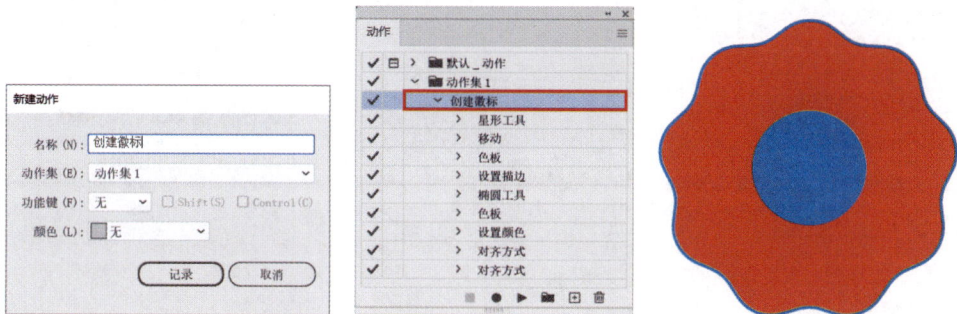

图9-3

9.2 编辑动作

在"动作"面板中，编辑动作的方式包括插入停止、修改动作设置以及指定回放速度等。通过执行这些编辑操作，能够对动作进行重新定义。本节将详细介绍相关操作方法。

9.2.1 插入停止

如果某个动作执行的效果不符合预期要求，可以在播放到该动作的时候暂停，修改动作后继续播放。选择动作，如旋转，单击"动作"面板右上角的菜单按钮 ，在弹出的菜单中选择"插入停止"选项，弹出"记录停止"对话框。在该对话框中输入提示信息，选中"允许继续"复选框，以便停止动作后，可以继续播放后续的动作。单击"确定"按钮，插入停止的结果如图 9-4 所示。

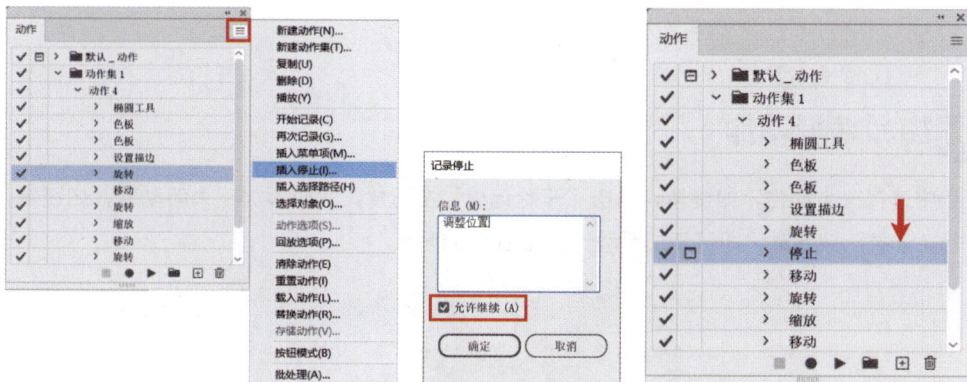

图9-4

9.2.2 修改动作设置

在播放动作的时候，单击某个动作左侧的 按钮，可以启用模态控制，使播放到这一命令的时候动作暂停，此时可以在弹出的提示对话框中修改选项参数，或者调用工具处理对象，如图 9-5 所示。单击动作集左侧的 按钮，如图 9-6 所示，可以为动作集中所有的动作启用或停用模态控制。

图9-5

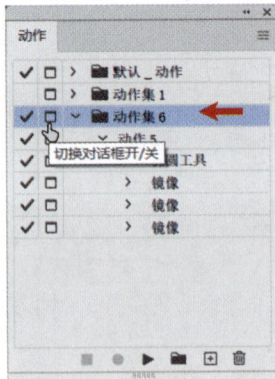

图9-6

9.2.3 指定回放速度

单击"动作"面板右上角的菜单按钮 ≡，在弹出的菜单中选择"回放选项"选项，弹出"回放选项"对话框，如图 9-7 所示。选择不同的单选按钮，设置播放动作的性能，以便观察执行动作后所产生的效果。

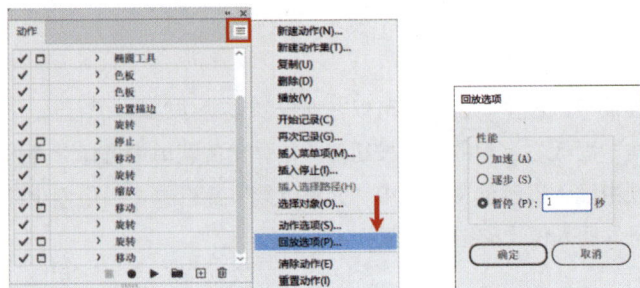

图9-7

9.2.4 添加和编辑动作

在动作组中选择一个动作，如旋转，单击"开始记录"按钮 ●，此时添加一个新动作，如镜像，完成后单击"停止播放 / 记录"按钮 ■，即可添加新动作，如图 9-8 所示。

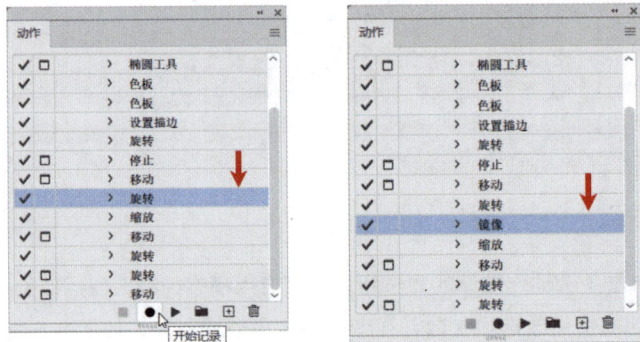

图9-8

　　编辑动作之前，需要选择与待编辑的动作类型相同的对象。如该动作作用于形状对象，编辑动作时也要选择形状对象。选择对象，如图 9-9 所示，在"动作"面板中双击要编辑的动作，如移动（如图 9-10 所示），弹出"移动"对话框，如图 9-11 所示，修改参数后单击"确定"按钮完成编辑操作。

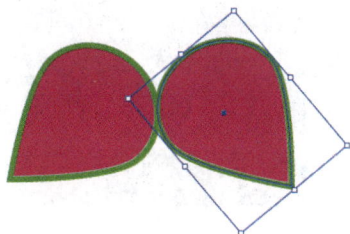

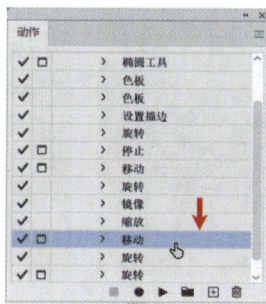

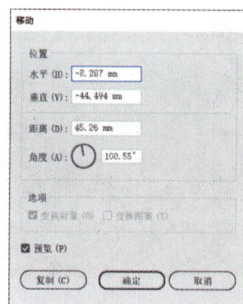

| 图9-9 | 图9-10 | 图9-11 |

9.2.5　动作中排除命令

　　单击动作前的"切换项目开 / 关"按钮 ✓，可以启动或关闭动作，如图 9-12 所示。在播放动作的过程中，处于关闭状态的动作不会被执行；单击动作集前的"切换项目开 / 关"按钮 ✓，可以一次性关闭该动作集中包含的所有动作，如图 9-13 所示。再次单击"切换项目开 / 关"按钮 ✓，即可开启动作。

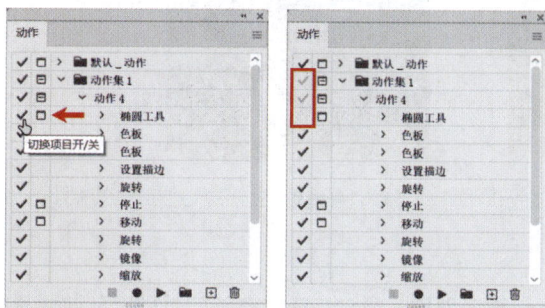

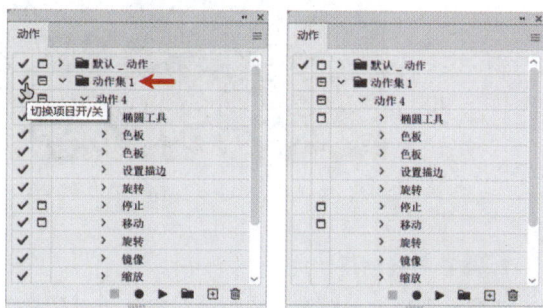

| 图9-12 | 图9-13 |

9.3　切片工具

　　利用"切片工具" ⬚，可以对选中的图像执行分割操作，并将分割后的图像导出为独立文件。释放或删除切片，可以取消切片效果并恢复图像的原始状态。本节介绍具体的操作方法。

9.3.1　创建切片

　　创建切片有两种常用方法，利用"切片工具" ⬚创建切片以及从参考线创建切片，可以根据不同的需求选择创建方法。

1. 利用"切片工具"创建切片

打开图像，选择"切片工具"✐，在图像上指定对角点绘制切片，此时系统在用户操作的基础上自动创建其他切片，如图 9-14 所示。

图9-14

选择"切片选择工具"✐，将鼠标指针放置在切片轮廓线上，按住鼠标左键调整切片范围，如图 9-15 所示。执行"文件"→"存储选中的切片"命令，导出切片，在弹出的对话框中将切片格式设置为 PNG 或 JPG。显示导出的所有切片，此时可以选择满意的切片，如图 9-16 所示，将其应用到图稿设计中去。

图9-15

图9-16

2. 从参考线创建切片

创建参考线划分图像，执行"对象"→"切片"→"从参考线创建"命令，在参考线的基础上创建切片的结果如图 9-17 所示。

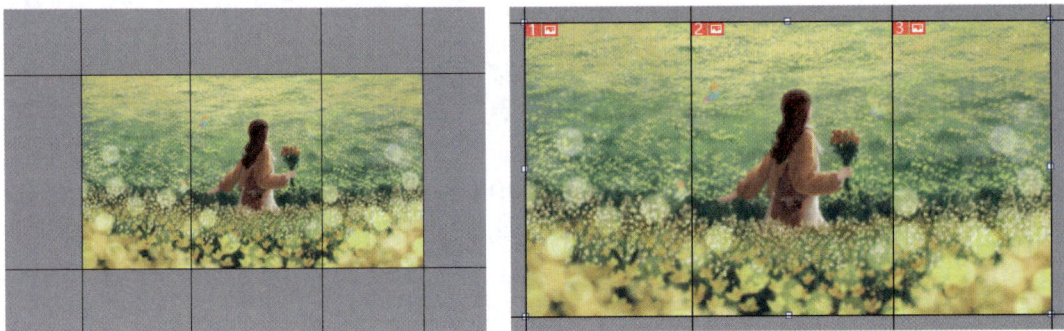

图9-17

执行"文件"→"存储选中的切片"命令，导出切片为 PNG 图像，如图 9-18 所示。

图9-18

9.3.2　划分切片

执行"对象"→"切片"→"划分切片"命令，弹出"划分切片"对话框。在该对话框中设置划分参数，如图 9-19 所示。单击"确定"按钮，在原有切片的基础上再次划分，如图 9-20 所示。

图9-19

图9-20

9.3.3　释放/删除切片

执行"对象"→"切片"→"释放"命令或者执行"对象"→"切片"→"全部删除"命令，可以删除切片，恢复图像的原始状态，如图 9-21 所示。

图9-21

9.4 导出文件

在 Illustrator 中，可以将图稿导出为多种格式的文件，满足多种使用需求。如将图稿导出为 PSD 格式的文件，就可以在 Photoshop 中打开文件，执行查看与编辑操作。本节介绍具体的操作方法。

9.4.1 存储为AI格式

将图稿导出为 AI 格式，可以再次在 Illustrator 中打开，执行查看与编辑的操作。执行"文件"→"存储为"命令，弹出如图 9-22 所示的对话框。单击"保存在您的计算机上"按钮，弹出"存储为"对话框。单击"保存到 Creative Cloud"按钮，图稿被存储到云空间，可以在其他计算机中打开，缺点是无法选择图稿的存储格式。设置文件名称，在"保存类型"下拉列表中选择 Adobe Illustrator（*.AI）选项，如图 9-23 所示。单击"保存"按钮，即可将图稿导出至指定的文件夹。

图9-22

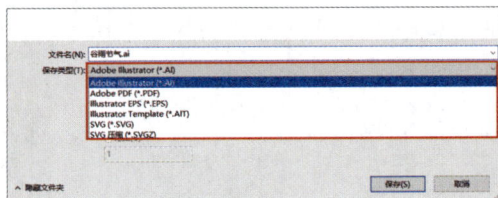

图9-23

9.4.2 存储为PDF格式

PDF 格式的核心特点是跨平台显示一致性、高安全性和内容保真度，成为国际通用的文件格式之一。执行"文件"→"存储为"命令，弹出"存储为"对话框。在其中设置文件名称，在"保存类型"下拉列表中选择 Adobe PDF（*.PDF）选项，如图 9-24 所示。单击"保存"按钮，即可将文件保存至指定路径。

9.4.3 存储为EPS格式

EPS 格式是一种用于矢量图形和排版设计的跨平台文件格式，支持高质量打印和图像交换。执行"文件"→"存储为"命令，弹出"存储为"对话框。在其中输入名称，在"保存类型"下拉列表中选择 Illustrator EPS（*.EPS）选项，如图 9-25 所示，单击"保存"按钮即可。

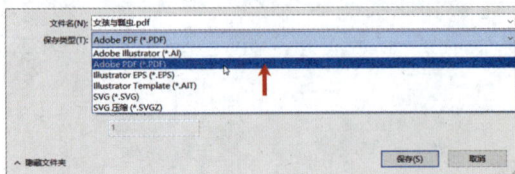

图9-24

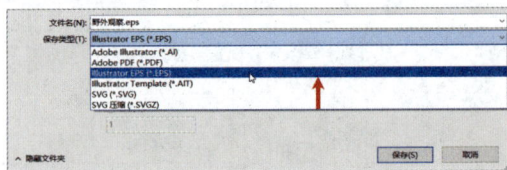

图9-25

9.4.4 导出为JPEG格式

JPEG 格式支持 24 位真彩色（RGB 模式），保留色彩信息较好，但无法处理透明背景，适合网络传输、社交媒体分享等对文件大小敏感的场景，多次保存会导致质量下降。

执行"文件"→"导出为"命令，弹出"导出"对话框。在其中输入文件名称，在"保存类型"下拉列表中选择 JPEG（*.JPG）选项，如图 9-26 所示，单击"导出"按钮即可。

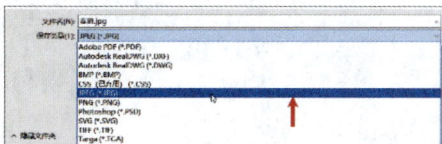

图9-26

9.4.5 导出为AutoCAD格式

DWG 文件包含图形的所有信息，如线条、尺寸、文本、图层等，还保存了图形在屏幕上的位置、颜色、线型等属性；DXF 文件包含了对应的 DWG 文件的全部信息，但是可读性较差。由于 DXF 文件的交换速度快，它被广泛用于 CAD 数据的交换和共享。

执行"文件"→"导出为"命令，弹出"导出"对话框。输入文件名称，在"保存类型"下拉列表中选择 Autodesk RealDWG（*.DXF）或 Autodesk RealDWG（*.DWG）选项，如图 9-27 所示。单击"导出"按钮，即可导出所选格式的文件。

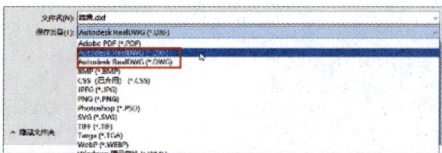

图9-27

9.4.6 导出为PSD格式

PSD 是 Photoshop 的专用格式，可以保留所有编辑信息，包括图层、通道、参考线、蒙版、颜色模式（如 RGB/CMYK）等，方便于后续修改。

执行"文件"→"导出为"命令，弹出"导出"对话框。输入文件名称，在"保存类型"下拉列表中选择 Photoshop（*.PSD）选项，如图 9-28 所示，单击"导出"按钮即可。

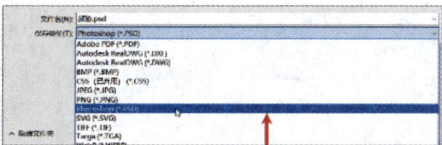

图9-28

9.4.7 导出为TIFF格式

TIFF 格式是一种高位彩色图像格式，与 JPEG、PNG 并列主流格式，支持无损压缩，适合需要保留原始质量的场景，如摄影、印刷等。广泛应用于专业领域，如 Photoshop、扫描仪等，支持高质量图像存储。其缺点是文件体积大，传输时对网络速度要求极高，在部分软件中兼容性较差，需要转换为 JPG 等通用格式来适应使用需求。

执行"文件"→"导出为"命令，弹出"导出"对话框。输入文件名称，在"保存类型"下拉列表中选择 TIFF（*TIF）选项，如图 9-29 所示。单击"导出"按钮，即可导出文件至指定的路径。

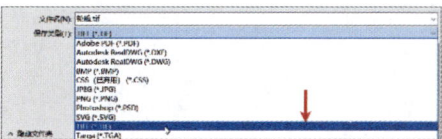

图9-29

第 10 章

AI 智能：轻松生成对象

本章将介绍 Illustrator 2025 中的 AI 工具以及 Adobe Firefly 的使用方法。借助 Illustrator 2025 的智能生成工具，用户能够依据提示词和样式参数生成各类形状或图案。而通过 Adobe Firefly，用户则可以在网页环境下生成图像。掌握这些 AI 工具的运用技巧，有助于大幅节省时间，显著提升工作效率。

10.1　Illustrator 2025 AI工具介绍

本节将聚焦于 Illustrator 2025 新增的 AI 工具，这些工具涵盖生成矢量图、生成形状式填充、生成图案以及 Retype 等功能。借助这些 AI 工具，用户能够在线生成图案与填充，还能实现字体的智能匹配，从而显著提升工作效率。

在"生成矢量（Beta）"面板中，用户需要在提示文本框内输入相应的提示词，并设置各类选项参数，如图 10-1 所示。完成上述设置后，单击"生成"按钮，系统便会生成矢量图。在该面板右侧的作品展示区域，用户可以从中汲取灵感，进而开展图像创作。

在"生成形状式填充（Beta）"面板中，同样需要输入提示词，并设置样式参数，如图 10-2 所示。设置完成后，即可在选定的形状基础上创建填充。生成的创作结果会自动进行编组，用户将其解组后，即可对填充图案进行独立编辑。在"生成图案"面板中，输入提示词，单击"生成"按钮，如图 10-3 所示，即可生成图案。用户可以将图案添加到"色板"面板中，方便随时调用。

在 Retype 面板中，根据选中的轮廓文字，单击"匹配字体"按钮，如图 10-4 所示，自动匹配结束后，即可将列表中的字体赋予选中的文字。

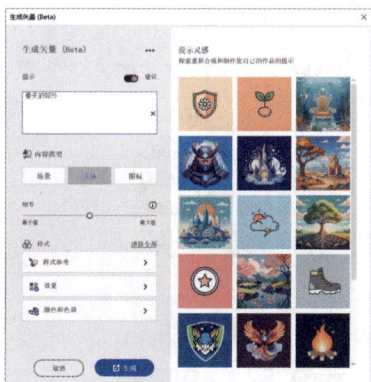

图10-1　　　　　　　　　图10-2　　　　　　　　　图10-3　　　　　　图10-4

10.2　应用Illustrator 2025 AI工具

本节介绍应用 Illustrator 的 AI 工具的方法，包括输入提示词生成矢量图、给指定的形状填充图案、自定义生成图案以及匹配字体。

10.2.1　生成矢量图

执行"对象"→"生成矢量（Beta）"命令，调出"生成矢量（Beta）"面板。在该面板的左下角单击"样式参考"选项右侧的黑色箭头，再单击"选择资源"按钮，鼠标指针转换成吸管工具，吸取打开的参考图像，此时"选择资源"按钮显示为"替换资源"，如图 10-5 所示。单击"效果"选项右侧的黑色箭头，在效果列表中选择其中一项，如"简约风格"，如图 10-6 所示。

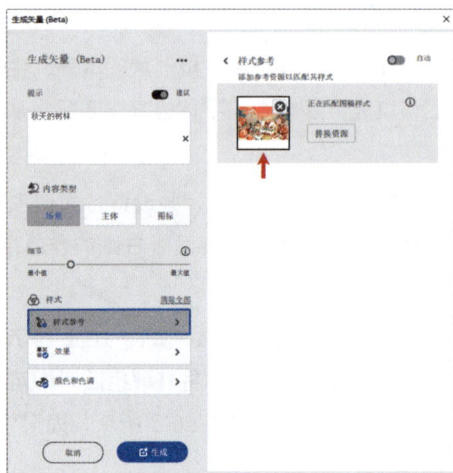

图10-5

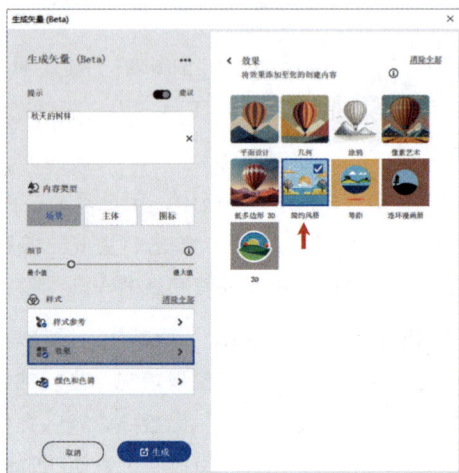

图10-6

单击"颜色和色调"选项右侧的黑色箭头，在"颜色预设"下拉列表中选择"明亮色"选项，如图 10-7 所示。确认提示词无误后，单击"生成"按钮，如图 10-8 所示，进入生成图像的模式。

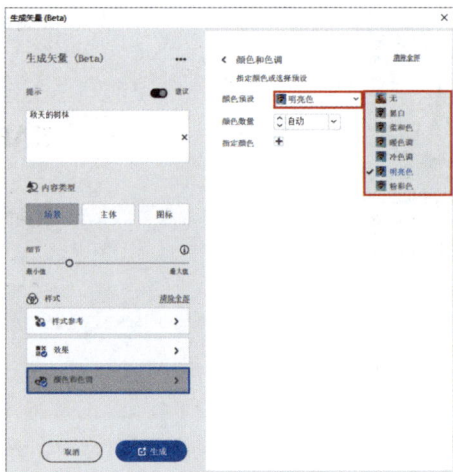

图10-7

图10-8

注意观察"正在生成"对话框中的提示信息，如图 10-9 所示，可以帮助用户更好地了解工具的用法。操作完成后，在"生成的变体"面板中显示结果，如图 10-10 所示。默认状态下生成 3 张图像，如果不满意可以再次生成。

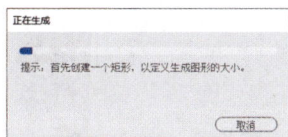

图10-9　　　　　　　　　　　图10-10

如图 10-11 所示为参考图像，如图 10-12 所示为由系统生成的图像。观察生成结果可以发现，图像的颜色、色调以及部分图形继承了参考图像的属性，生成结果基本与提示词"秋天的树林"相符合。

图10-11　　　　　　　　　　　　　　　图10-12

删除参考图像，保持其他选项设置，以原有的提示词"秋天的树林"再次生成图像，系统在提示词的指示下创作图像，如图 10-13 所示。

图10-13

10.2.2　生成形状式填充

绘制一个形状，如矩形，选中矩形，如图 10-14 所示，执行"对象"→"生成形状式填充（Beta）"命令，调出"生成形状式填充（Beta）"面板。单击"效果"选项右侧的黑色箭头，在"效果"列表中选择"平面设计"选项，如图 10-15 所示。

图10-14

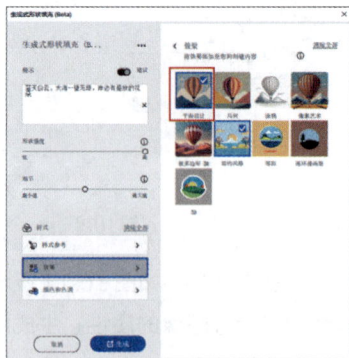

图10-15

单击"颜色与色调"选项左侧的黑色箭头，在"颜色预设"下拉列表中选择"粉彩色"选项，如图10-16所示。输入提示词，单击"生成"按钮，进入生成模式，如图 10-17 所示。

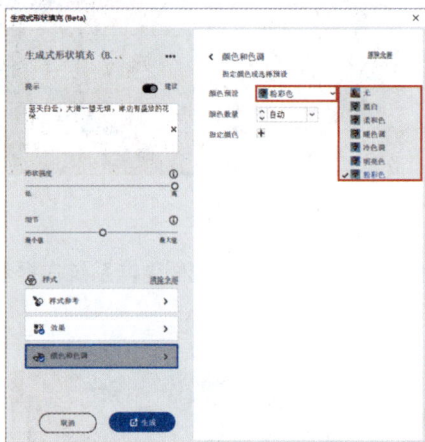

图10-16

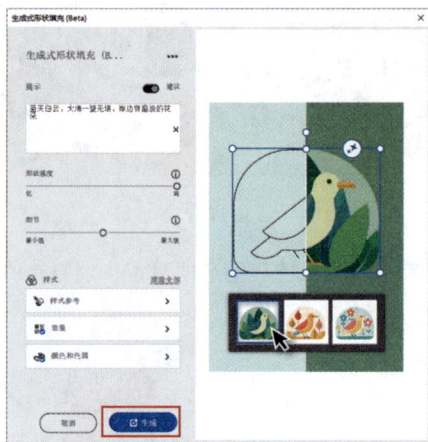

图10-17

在"生成的变体"面板中显示创作结果，如图 10-18 所示。从生成的 3 张图片中选择较为满意的一张，效果如图 10-19 所示。此时可以将图片直接应用到设计工作中，节省了制作素材的时间。

图10-18

图10-19

10.2.3　生成图案

执行"对象"→"图案"→"生成图案（Beta）"命令，调出"生成图案（Beta）"面板。输入提示词，单击"生成"按钮，如图 10-20 所示。生成结果在变体列表中显示，如图 10-21 所示。系统自动将所创建的图案添加到"色板"面板中，如图 10-22 所示，用户可以随时调用。在"生成图案（Beta）"面板中单击"编辑图案"按钮 ✐，进入编辑模式，如图 10-23 所示。选择蓝色边框内的任意图案，可以修改填充色、添加描边等。结束后单击"完成"按钮退出即可。

图10-20

图10-21

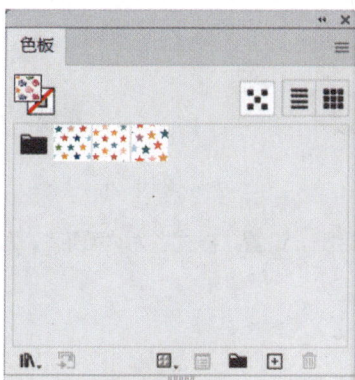
图10-22

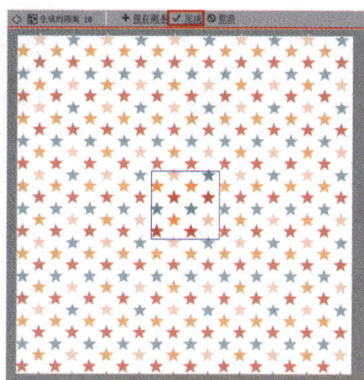
图10-23

10.2.4　Retype

选择转化为轮廓的文字，如图 10-24 所示。执行"窗口"→ Retype 命令，调出 Retype 面板。单击"匹配字体"按钮，进入匹配模式。匹配结束后，在该面板中显示与所选文字格式接近的字体，如图 10-25 所示。

BirThDAY

图10-24

图10-25

创建文字，从 Retype 面板中选择字体，更改文字字体的结果如图 10-26 所示。有些字体无法被使用，是因为系统没有安装该字体，需要下载安装才可以使用。

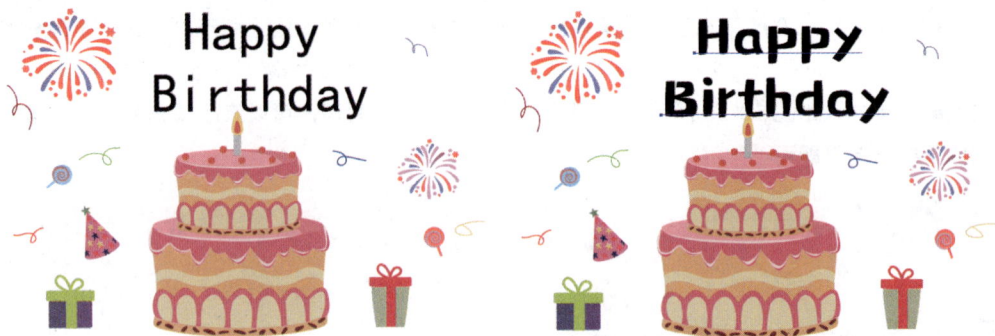

图 10-26

选择文字，弹出"变形选项"对话框，设置"样式"为"弧形"，为文字添加变形效果。最后修改文字的颜色，最终结果如图 10-27 所示。

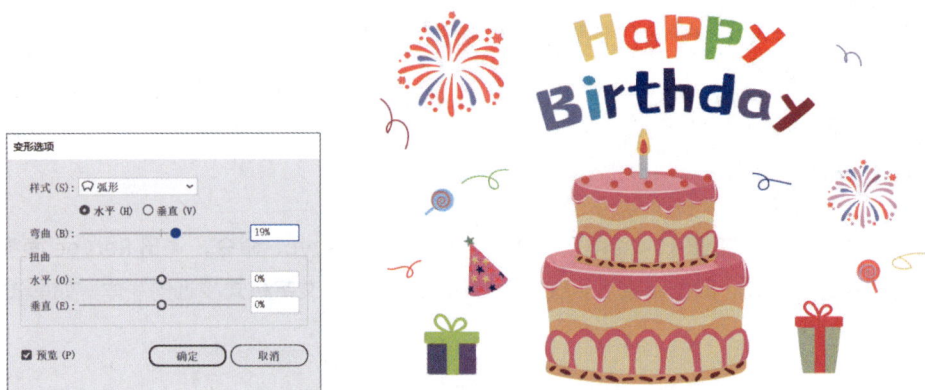

图 10-27

10.3　Adobe Firefly

Adobe Firefly 是 Adobe 专为安全商业用途精心设计的创意生成人工智能模型，其功能范围广泛，涵盖文字生成图像、文字生成视频、场景生成图像以及图像生成视频等多个领域。

登录 Adobe Firefly 主页后，在"特别推荐"页面中会展示文字生成图像、文字生成视频等功能，如图 10- 28 所示。用户借助这些功能，能够轻松创作图像与视频作品。切换至"图像"页面，页面中会呈现创建图像的多种方式，如图 10-29 所示，其中包含生成式填充、生成式扩展等实用功能。

此外，在"视频""音频"及"矢量"页面中也会展示相关功能。不过，这些功能状态有所不同，部分功能已正式发布并可供用户使用，而部分功能尚未推出。鉴于 Adobe Firefly 功能丰富多样，受篇幅所限，本节仅对常用的几类功能进行简单介绍。

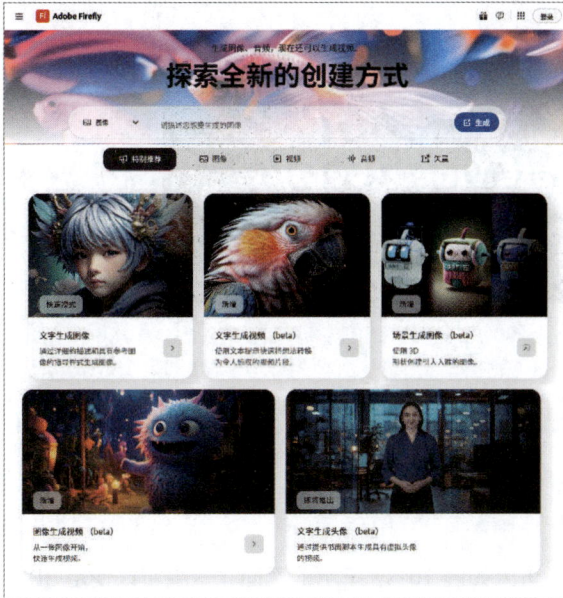

图10-28

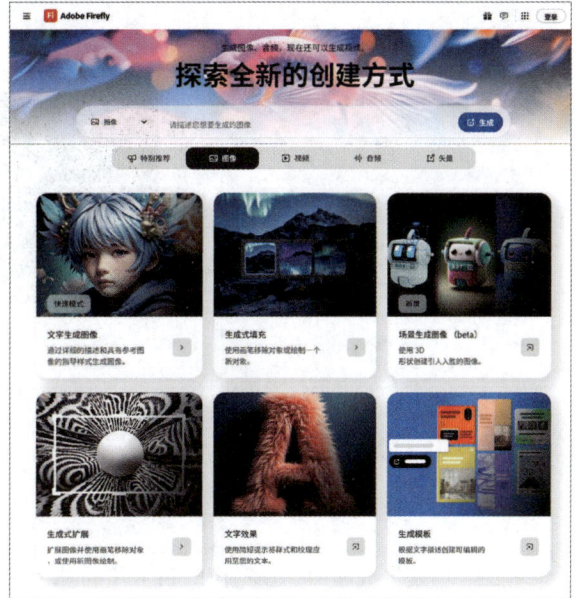

图10-29

单击"文字生成图像"预览窗口右下角的黑色三角形，进入文字生成图像页面，如图 10-30 所示。在页面的左侧，显示参数设置列表，包括一般设置、内容类型以及合成等。在右侧页面中，显示生成的图像及与之对应的提示词。设置参数并输入提示词后，单击"生成"按钮即可生成图像。

图10-30

单击"文字生成视频"与"图像生成视频"预览窗口右下角的黑色三角形，进入相同的页面，如图 10-31 所示。页面左侧是参数设置，右侧展示生成的视频和相应的提示词。在提示词左右侧，用户可以上传首帧与结束帧的图片，自定义视频的开头与结尾。设置参数，输入提示词，上传必要的帧图片后，单击"生成"按钮即可生成视频。

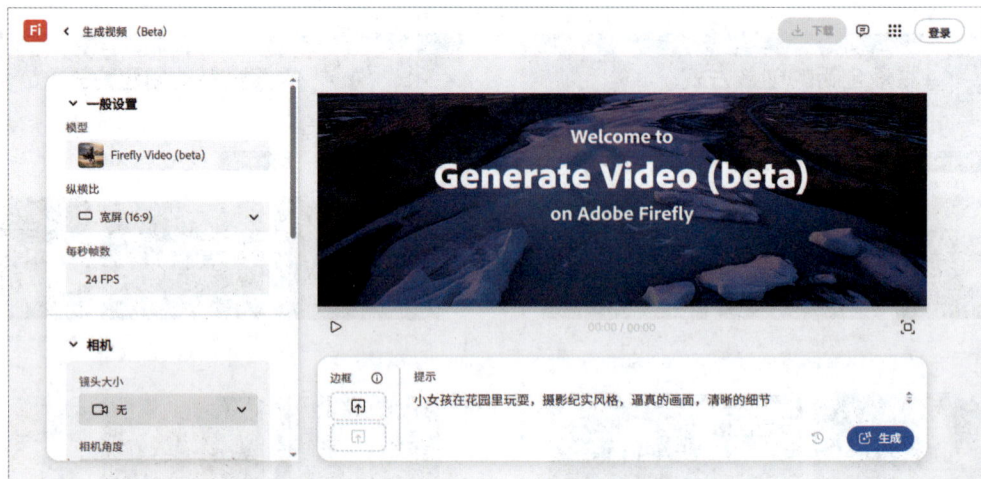

图10-31

单击"场景生成图像"预览窗口右下角的黑色三角形，进入如图 10-32 所示的页面。其中可以使用 3D 形状创建引人入胜的图像，用户还可以编辑 3D 形状，调整至最满意的状态后单击"生成"按钮进入创作模式。

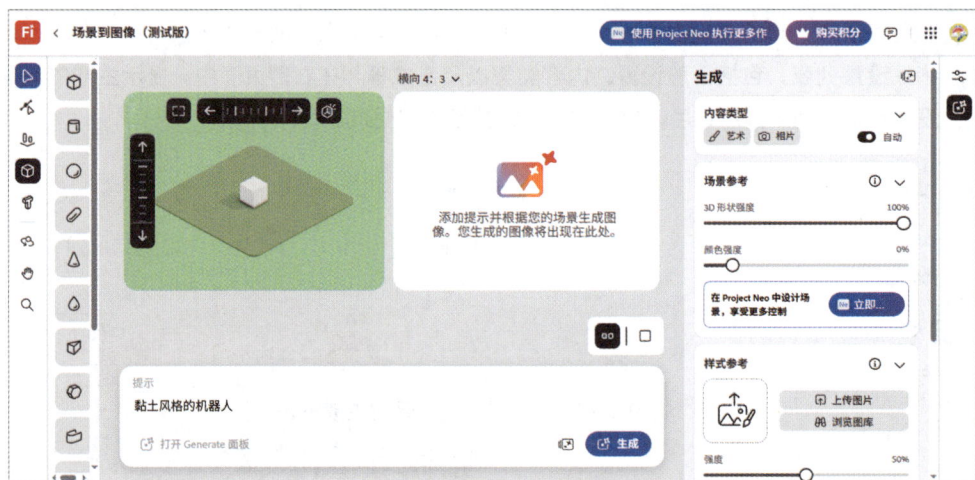

图10-32

在右侧的生成参数列表中，可以选择内容类型、设置场景参考参数以及样式参考参数。单击页面右上角的"使用 Project Neo 执行更多（操）作"按钮，打开新的页面，执行更详细的参数设置。

10.4 应用Adobe Firefly工具生成图像

在文字生成图像页面中，切换至"图库"页面，观看各类图像的创作效果，如图 10-33 所示。通过浏览图像，寻找创作方向，也可以借鉴他人的成功经验为自己所用。选择图像，单击右下角的"查看"按钮，进入生成图像的页面，其中显示详细的参数设置。

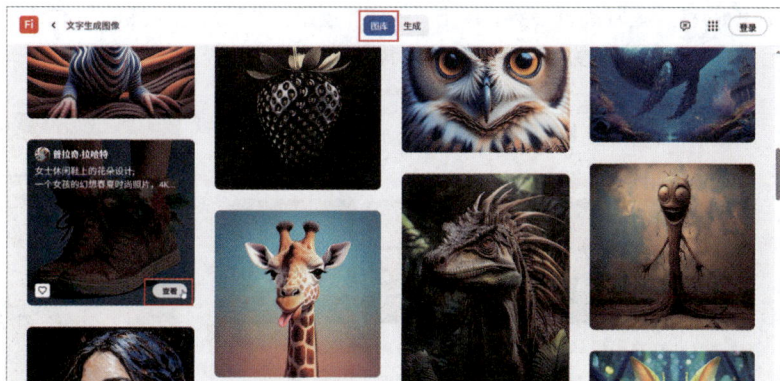

图10-33

在"生成"页面中显示提示词，并在预览窗口中显示参考图像。单击右下角的"尝试使用提示文字"按钮，如图 10-34 所示，可以使用相同的参数设置生成图像。

图10-34

稍等片刻，观看图像的生成结果，如图 10-35 所示。如果不满意，单击"生成"按钮，可以再次生成图像。单击满意的图像，进入预览模式。将鼠标指针放在图像上，显示功能按钮。可以在修改列表中对图像执行多种操作，包括生成视频、生成类似内容等，还可以放大、下载图像，如图 10-36 所示。

图10-35

图10-36

输入提示词，在左侧的参数区域设置参数，单击"生成"按钮，显示荷花图像的生成结果，如图 10-37 所示。选择满意的一张图像，下载保存至计算机，如图 10-38 所示。

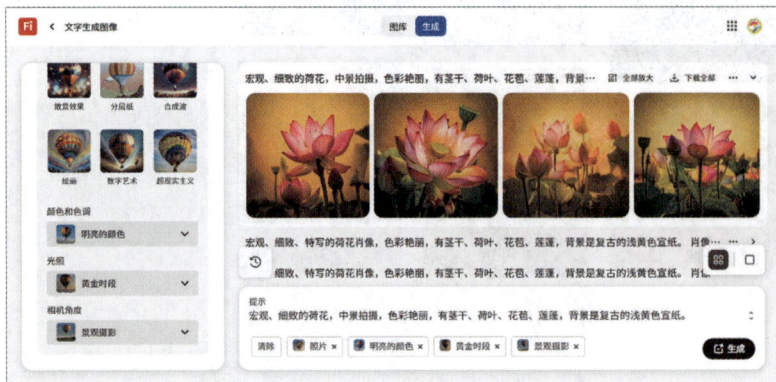

图10-37

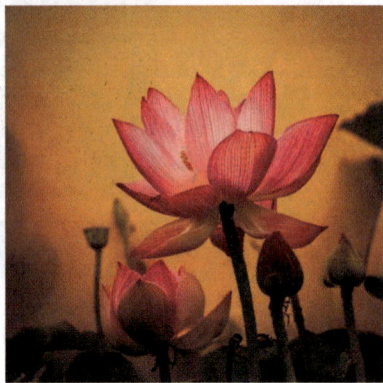

图10-38

10.5 课后习题：绘制美食海报

本节绘制美食海报，传达麻辣鸡翅的夏季促销消息。运用 Illustrator 中的生成矢量工具创作放射状底纹，利用 Adobe Firefly 中的文字生成图像功能生成麻辣鸡翅图片，最后在 Illustrator 中利用所创作的素材制作海报。具体的操作步骤如下。

01 在 Illustrator 中利用"矩形工具" ▢ 绘制任意填充色的矩形，如图10-39所示。

02 选择矩形，执行"对象"→"生成矢量（Beta）"命令，在调出的"生成矢量"面板中设置效果样式为"平面设计"，如图10-40所示。

图10-39

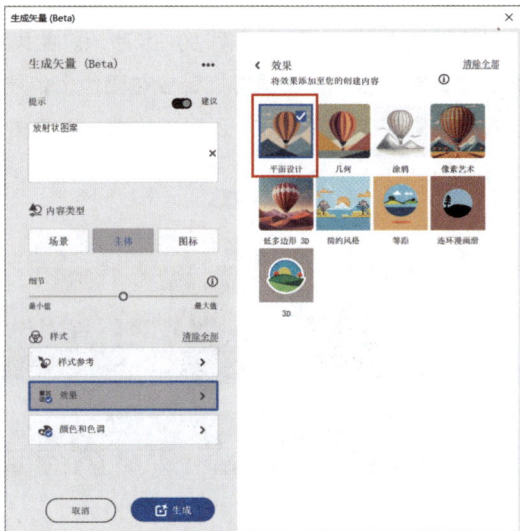

图10-40

03 设置颜色和色调的类型为"黑白"，如图10-41所示。

04 输入提示词，单击"生成"按钮，稍等片刻，生成放射状底纹，如图10-42所示。

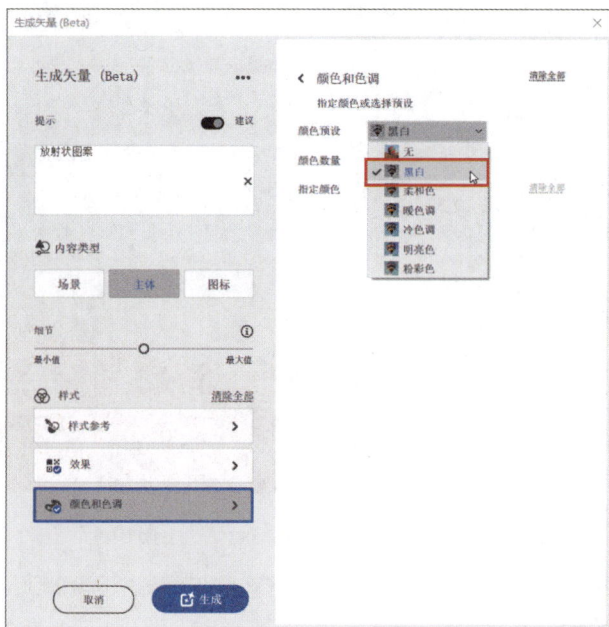

图10-41

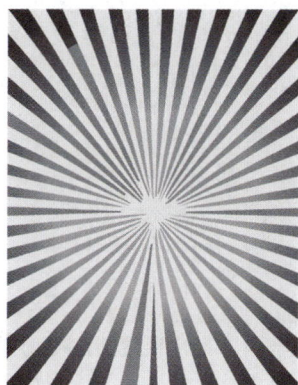

图10-42

05 登录Adobe Firefly主页，进入文字生成图像页面，输入提示词"照片真实感，超细节，一盘麻辣鸡翅，柠檬和辣椒是配料，特写拍摄"，在左侧的列表中设置参数，如图10-43所示。

06 单击"生成"按钮，从生成的4张图片中选择效果较好的一张，执行放大和下载操作，如图10-44所示。

图10-43

图10-44

07 利用"矩形工具"▣ 绘制矩形，导入"宣纸底纹.jpg"素材，调整素材与矩形同等大小，如图10-45所示。

08 将放射状底纹移至宣纸上，调整底纹的尺寸，并降低不透明度，如图10-46所示。

09 利用"钢笔工具"✒，设置填充色为橙色（#FF6623），绘制不规则的形状，如图10-47所示。

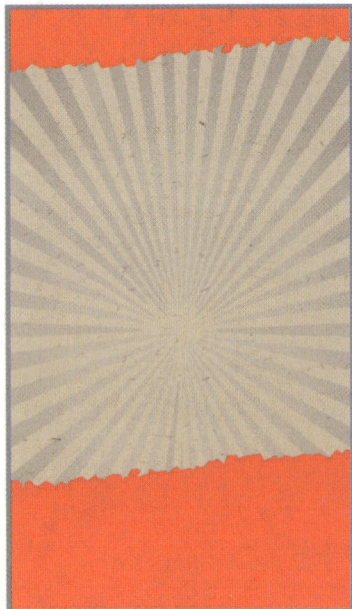

图10-45　　　　　　　　　图10-46　　　　　　　　　图10-47

10 选择形状，按快捷键Ctrl+C复制，执行"编辑"→"贴在后面"命令，粘贴形状副本。更改形状副本的颜色为白色，调整位置，操作结果如图10-48所示。

11 去除麻辣鸡翅图像的背景，调整大小与位置，如图10-49所示。

12 利用"文字工具" **T** 输入文字，为文字添加"上升"变形效果，如图10-50所示。

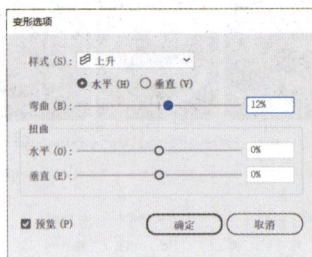

图10-48　　　　　　　图10-49　　　　　　　　　　　　　　图10-50

13 绘制椭圆与圆角矩形，并在形状上输入文字，如图10-51所示。

14 导入素材，放置在合适的位置，如图10-52所示。

15 在气泡上输入促销信息，在海报的左上角放置店铺商标，完成海报的制作，最终效果如图10-53所示。

图10-51

图10-52

图10-53

第 11 章

综合实例

综合前文所学的知识，本章将聚焦于实例的制作方法。所涉及的实例类型丰富多样，涵盖小红书封面设计、公益插画设计，以及招聘海报设计与 LOGO 设计。

11.1　小红书封面设计

本节介绍小红书封面的制作方法，主题是春日露营，使用到的工具包括形状工具、"文字工具"以及"钢笔工具"等。

01　执行"文件"→"新建"命令，弹出"新建文档"对话框，设置参数如图11-1所示。单击"创建"按钮，新建一个文档。

02　导入"底纹.jpg"素材，调整位置与尺寸，使其与画布同等大小，如图11-2所示。

03　使用"钢笔工具"，绘制绿色（#398839）的形状，如图11-3所示。

04　导入"露营.png"素材，放置在绿色形状上，如图11-4所示。

图11-1　　　　　　　　图11-2　　　　　　　　图11-3　　　　　　　　图11-4

05　再次使用"钢笔工具"，绘制绿色（#398839）的形状，如图11-5所示。为形状添加白色的描边，如图11-6所示。

图11-5

图11-6

06 利用形状工具，绘制椭圆、矩形以及圆形，放置在合适的位置，如图11-7所示。

07 利用"文字工具" **T** 输入文字，选择合适的字体与颜色，如图11-8所示。

08 继续添加装饰素材，封面的制作效果如图11-9所示。

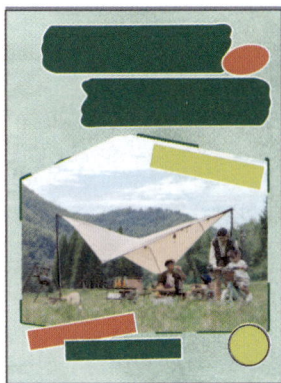

图11-7   图11-8   图11-9

登录 Adobe Firefly 主页，进入文字生成图像页面，输入提示词"春天的野外，阳光明媚，一家人在露营"，在左侧的列表中设置样式参数，单击"生成"按钮，生成 4 张图片，如图 11-10 所示。从中选择满意的一张作为本实例的素材，如果对效果不满意还可以再次生成。

图11-10

11.2   美好家园插画设计

本节介绍美好家园插画的绘制方法，使用的工具包括渐变、矩形工具、椭圆工具以及钢笔工具等。

01 执行"文件"→"新建"命令，弹出"新建文档"对话框，设置参数如图11-11所示。单击"创建"按钮，新建一个文档。

02 利用"矩形工具"，绘制与画布相同尺寸的矩形，为矩形填充渐变色，如图11-12所示。

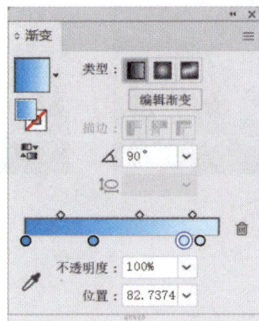

图11-11　　　　　　　　　　　　　　　　　　　图11-12

03 再次利用"矩形工具"，绘制浅绿色（#45D076）的矩形，如图11-13所示。

04 使用"钢笔工具"，绘制填充色为灰绿色（#30B46E）的图形，如图11-14所示。

05 更改填充颜色为深绿色（#1C9E29），继续使用"钢笔工具"绘制形状，如图11-15所示。

图11-13　　　　　　　　　图11-14　　　　　　　　　图11-15

06 使用"钢笔工具"，绘制白色的云朵，降低云朵的"不透明度"值为64%，如图11-16所示。

07 重复操作，继续绘制云朵，并为云朵设置不同的不透明度。利用"椭圆工具"，绘制圆形并填充渐变色，放置在云朵的后面，如图11-17所示。

08 使用"钢笔工具"与"矩形工具"，绘制松树，如图11-18所示。

图11-16　　　　　　　　　图11-17　　　　　　　　　图11-18

09　将松树编组，按住Alt键移动复制，调整位置与尺寸，绘制结果如图11-19所示。

10　使用"钢笔工具" ✐，绘制白色的轮廓线，如图11-20所示。

11　导入"圆球.png"素材，放置在画面的中间，如图11-21所示。

图11-19　　　　　　　　　　图11-20　　　　　　　　　　图11-21

12　利用形状工具绘制绿色植物与房屋，如图11-22所示。

13　导入"自行车.png"素材，完成插画的绘制，如图11-23所示。

图11-22　　　　　　　　　　　　　　　　图11-23

11.3　招聘海报设计

　　本节将详细介绍招聘海报的制作方法，其中制作变形文字是本例的难点所在。首先创建文字内容，随后将其转换为轮廓。接着，使用"直接选择工具"选中文字的锚点，通过调整锚点位置、添加或删除锚点等方式，最终实现变形文字的制作。

01　执行"文件"→"新建"命令，弹出"新建文档"对话框，设置参数如图11-24所示。单击"创建"按钮，新建一个文档。

02　使用"矩形工具" ▭，绘制矩形，并为矩形填充渐变色，如图11-25所示。

03　使用"钢笔工具" ✐，绘制填充色为红色（#D91F17）的形状，如图11-26所示。

04　重复上述操作，绘制形状的结果如图11-27所示。

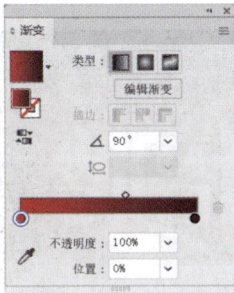

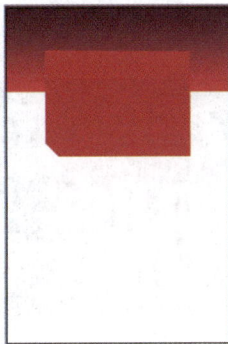
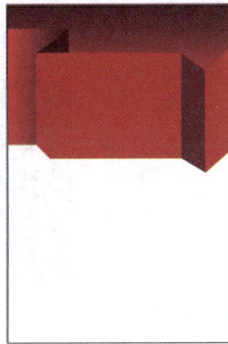

| 图11-24 | 图11-25 | 图11-26 | 图11-27 |

05 使用"钢笔工具" ，在海报的下方绘制红色（#D91F17）与灰色（#CECECE）的形状，如图11-28所示。

06 使用"矩形工具" ，绘制红色（#D91F17）的矩形。利用"直接选择工具" 选择矩形的锚点，调整锚点的位置，改变矩形的样式，操作结果如图11-29所示。

07 使用"椭圆工具" 与"钢笔工具" ，绘制红色（#D91F17）的圆形与线段，如图11-30所示。

08 单击"文字工具"按钮 ，输入标题文字，如图11-31所示。

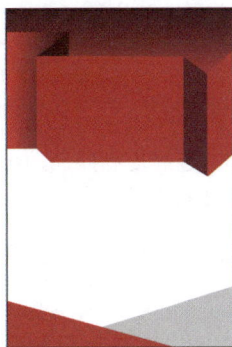
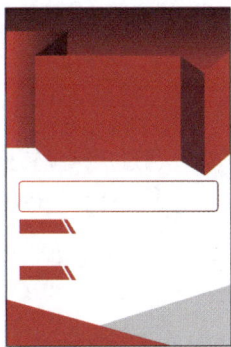
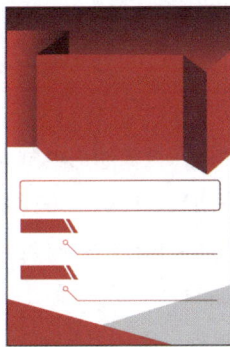

| 图11-28 | 图11-29 | 图11-30 | 图11-31 |

09 选择文字，执行"文字"→"创建轮廓"命令，将文字转换为轮廓，如图11-32所示。

10 使用"直接选择工具" 选择锚点，通过调整锚点来改变文字的外观，制作变形文字的效果如图11-33所示。

图11-32　　　　　　　　　　　　图11-33

11 单击"文字工具"按钮 T，输入文字内容，如图11-34所示。

12 导入"二维码.png"素材，将其放置在海报的左下角，招聘海报的制作结果如图11-35所示。

图11-34

图11-35

11.4 LOGO设计

本节介绍企业LOGO的绘制方法，几何图形绘制完毕后，通过执行旋转复制、连续复制操作，可以快速得到LOGO图形，最后添加文字，并附着在样机上进行展示即可。具体的操作步骤如下。

01 新建一个空白文档，使用"矩形工具" 绘制矩形，为其填充渐变色。通过编辑矩形的锚点，更改矩形的外观，如图11-36所示。

02 选择形状，按快捷键Ctrl+C复制。执行"编辑"→"贴在前面"命令，粘贴形状。更改形状的颜色为黑色，按住Shift+Alt键，沿中心向内缩小形状，如图11-37所示。

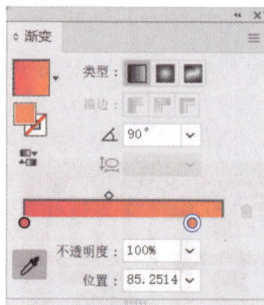

图11-36

图11-37

03 选择黑色形状，利用"直接选择工具" 选择并编辑锚点，更改形状的外观，如图11-38所示。

04　选择渐变色形状与黑色形状，在"路径查找器"面板中单击"差集"按钮⬚，操作结果如图11-39所示。

05　使用"矩形工具"▢绘制矩形，利用"直接选择工具"▷选择并编辑锚点，更改矩形的外观，如图11-40所示。

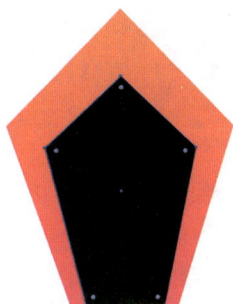
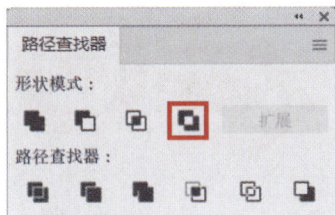
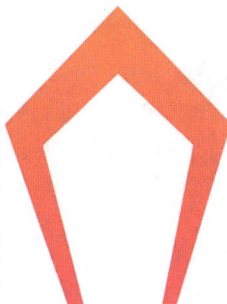

　　　图11-38　　　　　　　　　　　　图11-39　　　　　　　　　　　　　图11-40

06　为形状添加圆角效果，并填充渐变色，如图11-41所示。

07　使用"椭圆工具"⬭，绘制两个同心圆，如图11-42所示。选择两个圆形，在"路径查找器"面板中单击"差集"按钮⬚，操作结果如图11-43所示。

08　使用"椭圆工具"⬭，绘制洋红色（#F9035C）的圆形，如图11-44所示。

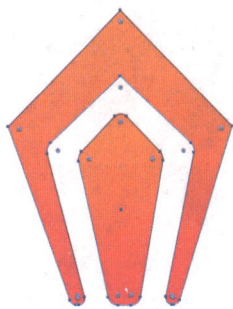

　　图11-41　　　　　　　图11-42　　　　　　　图11-43　　　　　　　图11-44

09　选择形状，单击"旋转工具"按钮⟳，按住Alt键将旋转中心向下移至圆心的位置，如图11-45所示。

10　在弹出的"旋转"对话框中设置"角度"值为50°，单击"复制"按钮，旋转复制形状的结果如图11-46所示。按快捷键Ctrl+D连续复制形状，如图11-47所示。

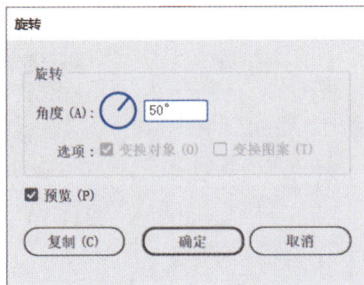

　　　　　图11-45　　　　　　　　　　　　　　　　　图11-46

11 重复上述操作，将"角度"值更改为-50°，继续旋转复制形状，如图11-48所示。

图11-47

图11-48

12 单击"文字工具"按钮 **T**，设置字体、字号与颜色后输入文字，LOGO的绘制结果如图11-49所示。

13 将LOGO附着在徽标上进行展示，效果如图11-50所示。

图11-49

图11-50